#상위권문제유형의기준
#상위권진입교재
#응용유형연습
#사고력향상

최고수준S

Chunjae
Makes
Chunjae

▼

[최고수준S] 초등 수학

기획총괄	박금옥
편집개발	지유경, 정소현, 조선영, 최윤석,
	김장미, 유혜지, 남솔, 정하영
디자인총괄	김희정
표지디자인	윤순미, 이주영, 김주은
내지디자인	박희춘
제작	황성진, 조규영

발행일	2023년 4월 15일 초판 2023년 4월 15일 1쇄
발행인	(주)천재교육
주소	서울시 금천구 가산로9길 54
신고번호	제2001-000018호
고객센터	1577-0902

상 위 권 진 입 비 결

최고수준 S

5-2

구성과 특징🔍

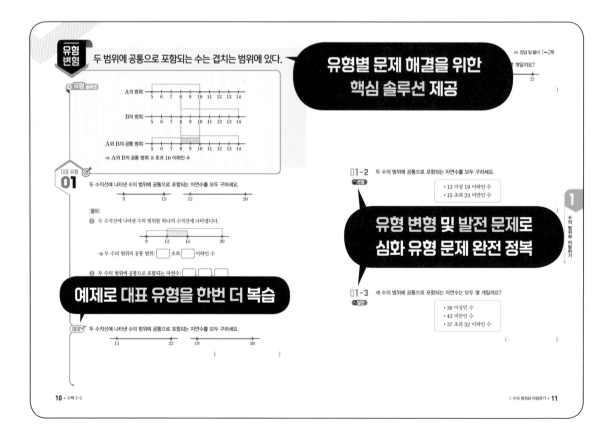

활용 개념 올림, 버림, 반올림

교과서 개념

● 올림: 구하려는 자리의 아래 수를 올려서 나타내는 방법

283 올림하여 ┌ 십의 자리까지: 290
              └ 백의 자리까지: 300

● 버림: 구하려는 자리의 아래 수를 버려서 나타내는 방법

345 버림하여 ┌ 십의 자리까지: 340
              └ 백의 자리까지: 300

● 반올림: 구하려는 자리 바로 아래 자리의 숫자가 0, 1, 2, 3, 4이면 버리고, 5, 6, 7, 8, 9이면 올려서 나타내는 방법

572 반올림하여 ┌ 십의 자리까지: 570
                └ 백의 자리까지: 600

중요한 교과서 핵심 개념 정리

963

02 버림하여 백의 자리까지 나타내면 3700이 되는 수를 모두 찾아 ○표 하세요.

3725   3636   3600   3700   3914   3264

03 수를 반올림하여 소수 첫째 자리까지 나타내 보세요.

(1) 5.29   (2) 11.716

( )   ( )

8 · 수학 5-2

≫ 정답 및 풀이 1쪽

04 반올림하여 나타낸 수의 크기를 비교하여 ○ 안에 >, =, <를 알맞게 써넣으세요.

6827을 반올림하여 천의 자리까지 나타낸 수 ○ 7000

심화 학습에 필요한 활용 개념을 이해하고 문제로 적용
(고학년은 중등 연계 개념 포함)

활용 개념 1 반올림하여 ■가 되는 수 구하기

◎ 다음 수를 반올림하여 백의 자리까지 나타낸 수가 2500일 때, ㉠에 알맞은 수 구하기

2㉠51
십의 자리 숫자가 5이므로 백의 자리로 1 올려서 나타냅니다.
㉠+1=5 ➡ ㉠=4

2㉠20
십의 자리 숫자가 ㉠이므로 버려서 나타냅니다.
➡ ㉠=5

06 다음 수를 반올림하여 천의 자리까지 나타내면 83000입니다. ㉠에 알맞은 수를 구하세요.

8㉠742

( )

1. 수의 범위와 어림하기 · 9

유형 변형 두 범위에 공통으로 포함되는 수는 겹치는 범위에 있다.

유형 솔루션

A의 범위: 5 6 7 8 9 10 11 12 13 14

B의 범위: 5 6 7 8 9 10 11 12 13 14

A와 B의 공통 범위: 5 6 7 8 9 10 11 12 13 14

➡ A와 B의 공통 범위: 8 초과 10 이하인 수

유형별 문제 해결을 위한 핵심 솔루션 제공

대표 유형 01

두 수직선에 나타낸 수의 범위에 공통으로 포함되는 자연수를 모두 구하세요.

9   15   12   20

풀이

❶ 두 수직선에 나타낸 수의 범위를 하나의 수직선에 나타냅니다.

9 12   15   20

➡ 두 수의 범위의 공통 범위: [ ] 초과 [ ] 이하인 수

❷ 두 수의 범위에 공통으로 포함되는 자연수: [ ] [ ] [ ]

예제로 대표 유형을 한번 더 복습

예제 두 수직선에 나타낸 수의 범위에 공통으로 포함되는 자연수를 모두 구하세요.

11   22   19   30

( )

10 · 수학 5-2

≫ 정답 및 풀이 1~2쪽

27

01-2 두 수의 범위에 공통으로 포함되는 자연수를 모두 구하세요.

변형
• 13 이상 19 이하인 수
• 15 초과 23 미만인 수

유형 변형 및 발전 문제로 심화 유형 문제 완전 정복

01-3 세 수의 범위에 공통으로 포함되는 자연수는 모두 몇 개일까요?

발전
• 30 이상인 수
• 43 미만인 수
• 37 초과 52 이하인 수

( )

1. 수의 범위와 어림하기 · 11

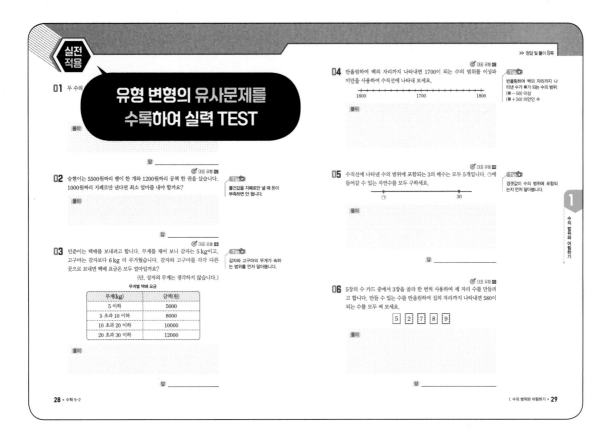

유형 변형의 유사문제를 수록하여 실력 TEST

유형 변형 마지막 문제의 유사문제 반복학습

실전 적용의 유사문제 반복학습

복습책

1

수의 범위와 어림하기

유형 변형 대표 유형 —————————————●

01 두 범위에 공통으로 포함되는 수는 겹치는 범위에 있다.
공통 범위에 속하는 자연수 구하기

02 경곗값은 이상, 이하에 포함되고 초과, 미만에는 포함되지
않는다.
수의 범위에 속하는 자연수의 개수로 경곗값 구하기

03 자료의 범위를 먼저 찾자.
표를 보고 요금 구하기

04 최솟값, 최댓값으로 수의 범위를 구하자.
수의 범위 구하기

05 올림과 버림 중 알맞은 방법을 선택하여 해결하자. (1)
올림과 버림의 활용

06 올림과 버림 중 알맞은 방법을 선택하여 해결하자. (2)
올림과 버림의 활용

07 어림한 값을 보고 ☐ 안에 들어갈 수를 구하자.
☐ 안에 들어갈 수 있는 수 구하기

08 어림하기 전의 수의 범위를 먼저 구하자.
어림하기 전의 수의 범위 구하기

09 두 수의 차가 작을수록 가까운 수이다.
수 카드로 조건에 알맞은 수 만들기

이상, 이하, 초과, 미만

교과서 개념

◗ 10 이상인 수: 10과 같거나 큰 수

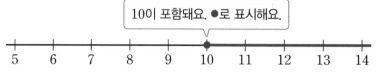

10이 포함돼요. ●로 표시해요.

◗ 10 이하인 수: 10과 같거나 작은 수

10이 포함돼요. ●로 표시해요.

◗ 10 초과인 수: 10보다 큰 수

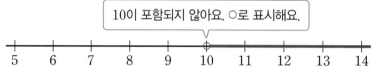

10이 포함되지 않아요. ○로 표시해요.

◗ 10 미만인 수: 10보다 작은 수

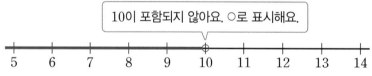

10이 포함되지 않아요. ○로 표시해요.

01 23 이상인 수를 모두 찾아 ○표 하세요.

| 25 | 21 | 23 | 19 | 32 | 22 |

02 7.6 미만인 수를 수직선에 나타내 보세요.

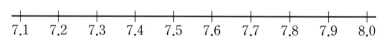

03 일주일 동안 초미세 먼지 농도를 조사하여 나타낸 표입니다. 초미세 먼지 농도가 36 초과인 요일을 모두 찾아 써 보세요.

요일	월요일	화요일	수요일	목요일	금요일	토요일	일요일
초미세 먼지 농도 *(마이크로그램)	25	64	38	18	30	36	72

* 마이크로그램: 초미세 먼지 농도를 나타낼 때 쓰이는 단위.

( )

활용 개념 1 수의 범위

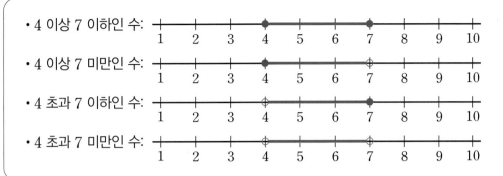

- 4 이상 7 이하인 수:
- 4 이상 7 미만인 수:
- 4 초과 7 이하인 수:
- 4 초과 7 미만인 수:

04 13 이상 19 미만인 수를 모두 찾아 ○표 하세요.

| 11 | 13 | 15 | 17 | 19 | 20 |

05 15 초과 18 이하인 수를 수직선에 나타내 보세요.

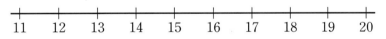

06 72가 포함되는 수의 범위를 모두 찾아 기호를 써 보세요.

㉠ 60 이상 72 미만인 수　　㉡ 72 초과 80 이하인 수
㉢ 65 이상 72 이하인 수　　㉣ 71 초과 77 미만인 수

(　　　　　　　　　　　)

07 27 초과 34 이하인 자연수는 모두 몇 개일까요?

(　　　　　　　　　　　)

수의 범위와 어림하기

1

활용 개념 올림, 버림, 반올림

● 올림: 구하려는 자리의 아래 수를 올려서 나타내는 방법

283 ─ 올림하여 ┌ 십의 자리까지: 290
                 └ 백의 자리까지: 300

● 버림: 구하려는 자리의 아래 수를 버려서 나타내는 방법

345 ─ 버림하여 ┌ 십의 자리까지: 340
                 └ 백의 자리까지: 300

● 반올림: 구하려는 자리 바로 아래 자리의 숫자가 0, 1, 2, 3, 4이면 버리고, 5, 6, 7, 8, 9이면 올려서 나타내는 방법

572 ─ 반올림하여 ┌ 십의 자리까지: 570
                   └ 백의 자리까지: 600

01 수를 올림하여 주어진 자리까지 나타내 보세요.

수	십의 자리	백의 자리
124		
963		

02 버림하여 백의 자리까지 나타내면 3700이 되는 수를 모두 찾아 ○표 하세요.

3725　　3636　　3600　　3700　　3914　　3264

03 수를 반올림하여 소수 첫째 자리까지 나타내 보세요.

(1) 5.29

(2) 11.716

(　　　　　　　)　　　　　　　(　　　　　　　)

04 반올림하여 나타낸 수의 크기를 비교하여 ○ 안에 >, =, <를 알맞게 써넣으세요.

6827을 반올림하여 천의 자리까지 나타낸 수 ◯ 7000

05 ㉮와 ㉯의 차를 구하세요.

㉮ 4763을 올림하여 천의 자리까지 나타낸 수
㉯ 4763을 올림하여 백의 자리까지 나타낸 수

( )

활용 개념 **1** 반올림하여 ■가 되는 수 구하기

예 다음 수를 반올림하여 백의 자리까지 나타낸 수가 2500일 때, ㉠에 알맞은 수 구하기

2㉠51

십의 자리 숫자가 5이므로
백의 자리로 1 올려서 나타냅니다.
㉠+1=5 ➡ ㉠=4

2㉠20

십의 자리 숫자가 2이므로
버려서 나타냅니다.
➡ ㉠=5

06 다음 수를 반올림하여 천의 자리까지 나타내면 83000입니다. ㉠에 알맞은 수를 구하세요.

8㉠742

( )

두 범위에 공통으로 포함되는 수는 겹치는 범위에 있다.

⊕ 유형 솔루션

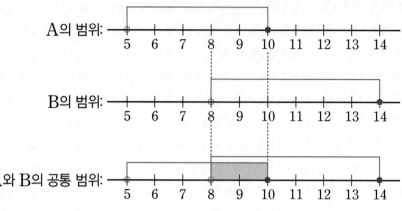

A의 범위:

B의 범위:

A와 B의 공통 범위:

➜ A와 B의 공통 범위: 8 초과 10 이하인 수

대표 유형
01

두 수직선에 나타낸 수의 범위에 공통으로 포함되는 자연수를 모두 구하세요.

풀이

❶ 두 수직선에 나타낸 수의 범위를 하나의 수직선에 나타냅니다.

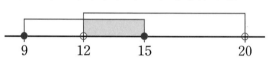

➜ 두 수의 범위의 공통 범위: ☐ 초과 ☐ 이하인 수

❷ 두 수의 범위에 공통으로 포함되는 자연수: ☐ , ☐ , ☐

답 _____

예제 ✓ 두 수직선에 나타낸 수의 범위에 공통으로 포함되는 자연수를 모두 구하세요.

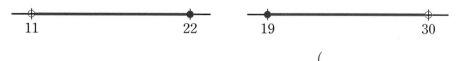

(   )

01-1 두 수직선에 나타낸 수의 범위에 공통으로 포함되는 자연수는 모두 몇 개일까요?

변형

(   )

01-2 두 수의 범위에 공통으로 포함되는 자연수를 모두 구하세요.

변형

> • 13 이상 19 이하인 수
> • 15 초과 23 미만인 수

(   )

01-3 세 수의 범위에 공통으로 포함되는 자연수는 모두 몇 개일까요?

발전

> • 30 이상인 수
> • 43 미만인 수
> • 37 초과 52 이하인 수

(   )

1

수의 범위와 어림하기

경곗값은 이상, 이하에 포함되고 초과, 미만에는 포함되지 않는다.

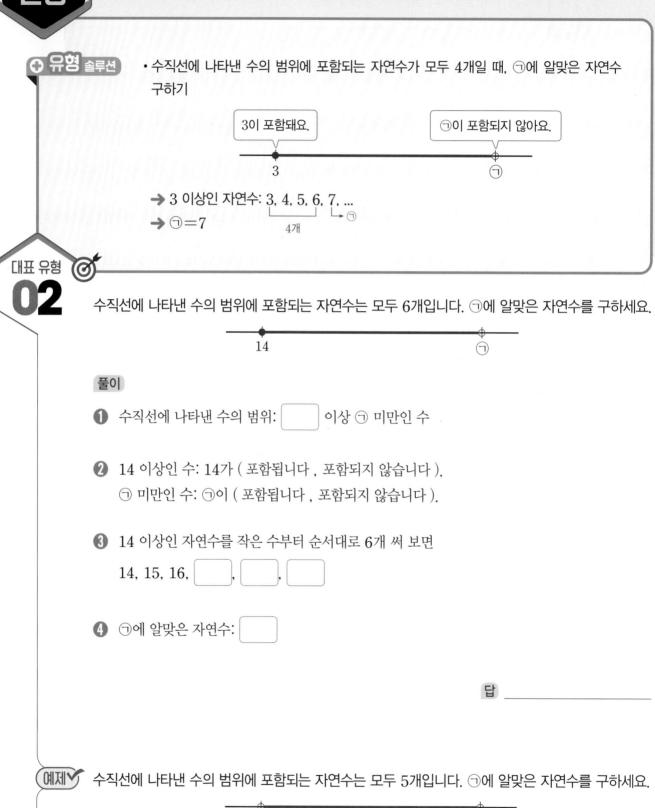

⊕ 유형 솔루션

• 수직선에 나타낸 수의 범위에 포함되는 자연수가 모두 4개일 때, ㉠에 알맞은 자연수 구하기

> 3이 포함돼요.   ㉠이 포함되지 않아요.

3   ㉠

→ 3 이상인 자연수: 3, 4, 5, 6, 7, ...
              4개   → ㉠
→ ㉠=7

대표 유형
02

수직선에 나타낸 수의 범위에 포함되는 자연수는 모두 6개입니다. ㉠에 알맞은 자연수를 구하세요.

14   ㉠

풀이

❶ 수직선에 나타낸 수의 범위: ⬚ 이상 ㉠ 미만인 수

❷ 14 이상인 수: 14가 (포함됩니다 , 포함되지 않습니다).
   ㉠ 미만인 수: ㉠이 (포함됩니다 , 포함되지 않습니다).

❸ 14 이상인 자연수를 작은 수부터 순서대로 6개 써 보면

   14, 15, 16, ⬚ , ⬚ , ⬚

❹ ㉠에 알맞은 자연수: ⬚

답 _____

예제 수직선에 나타낸 수의 범위에 포함되는 자연수는 모두 5개입니다. ㉠에 알맞은 자연수를 구하세요.

㉠   23

(   )

02-1
변형

수직선에 나타낸 수의 범위에 포함되는 소수 한 자리 수는 모두 7개입니다. ㉠에 알맞은 소수 한 자리 수를 구하세요.

(   )

02-2
변형

수직선에 나타낸 수의 범위에 포함되는 짝수는 모두 5개입니다. ㉠에 들어갈 수 있는 자연수를 모두 구하세요.

(   )

02-3
변형

㉠에 들어갈 수 있는 자연수 중 가장 큰 수를 구하세요.

> 20 이상 ㉠ 미만인 5의 배수는 모두 4개입니다.

(   )

02-4
발전

㉠과 ㉡이 두 자리 수일 때, ㉠에 들어갈 수 있는 자연수 중 가장 큰 수를 구하세요.

> ㉠ 초과 ㉡ 미만인 자연수는 모두 8개입니다.

(   )

1

수의 범위와 어림하기

자료의 범위를 먼저 찾자.

⊕ 유형 솔루션

• 12세인 한결이와 16세인 형의 입장료 구하기

미술관 입장료

구분	어린이	청소년	어른
입장료(원)	1500	2000	3000

- 어린이: 8세 이상 13세 이하
- 청소년: 13세 초과 20세 미만
- 어른: 20세 이상 65세 미만

→ **한결**: 12세는 8세 이상 13세 이하인 어린이에 속하므로 입장료는 1500원

→ **형**: 16세는 13세 초과 20세 미만인 청소년에 속하므로 입장료는 2000원

대표 유형 03

지민이네 가족이 모두 체험전에 입장하려면 입장료를 얼마 내야 하는지 구하세요.

지민이네 가족의 나이

가족	아버지	어머니	언니	지민
나이(세)	45	42	15	12

체험전 입장료

구분	어린이	청소년	어른
입장료(원)	5000	7000	10000

- 어린이: 8세 이상 13세 이하
- 청소년: 13세 초과 20세 미만
- 어른: 20세 이상 65세 미만

풀이

❶ 아버지와 어머니: 각각 어른 요금인 [   ]원

언니: 청소년 요금인 [   ]원

지민: 어린이 요금인 [   ]원

❷ (체험전 입장료) = [   ] × 2 + [   ] + [   ]

= [   ] (원)

답 _____

예제 강현이네 가족이 모두 놀이공원에 입장하려면 자유이용권 요금을 얼마 내야 하는지 구하세요.

강현이네 가족의 나이

가족	할아버지	아버지	어머니	강현	동생
나이(세)	65	40	38	14	10

놀이공원 자유이용권 요금표

구분	소인/경로	청소년/어른
요금(원)	40000	50000

- 소인: 36개월 이상 13세 이하
- 어른: 20세 이상 65세 미만
- 청소년: 13세 초과 20세 미만
- 경로: 65세 이상

(   )

03-1 **변형** 주아네 가족은 서울에서 동대구까지 기차를 타고 가려고 합니다. 주아네 가족이 모두 KTX를 탈 때와 무궁화호를 탈 때의 요금은 각각 얼마일까요?

주아네 가족의 나이

가족	할머니	아버지	어머니	주아
나이(세)	65	42	35	12

기차 이용 요금표

구분	어린이	청소년/어른	경로
KTX 요금(원)	21700	43500	30400
무궁화호 요금(원)	10500	21100	14800

- 어린이: 7세 이상 13세 이하
- 경로: 65세 이상
- 청소년/어른: 14세 이상 65세 미만

KTX를 탈 때 (   )
무궁화호를 탈 때 (   )

최솟값, 최댓값으로 수의 범위를 구하자.

유형 솔루션

• 달걀을 10개까지 담을 수 있는 달걀판에 모두 담으려면 달걀판이 적어도 3개 필요할 때, 달걀 수의 범위 구하기

달걀이 가장 적은 경우	달걀이 가장 많은 경우

2판에 10개씩 담고,
1판에 1개만 담을 때:

(달걀 수)=10×2+1=21(개)

3판에 10개씩 담을 때:

(달걀 수)=10×3=30(개)

↓

달걀 수의 범위: 21개 이상 30개 이하

대표 유형 04

건우네 반 학생들이 정원이 10명인 케이블카를 모두 타려면 케이블카는 적어도 4번 운행해야 합니다. 건우네 반 학생은 몇 명 이상 몇 명 이하일까요?

풀이

❶ 학생 수가 가장 적은 경우: 케이블카를 3번 운행하는 동안 10명씩 타고, 1번 운행하는 동안 ☐명만 탔을 때

➡ (학생 수)=10×3+☐=☐(명)

❷ 학생 수가 가장 많은 경우: 케이블카를 4번 운행하는 동안 ☐명씩 탔을 때

➡ (학생 수)=☐×4=☐(명)

❸ 건우네 반 학생 수: ☐명 이상 ☐명 이하

답 _____

예제 도넛을 모두 상자에 담으려면 9개까지 담을 수 있는 상자가 적어도 5개 필요합니다. 도넛은 몇 개 이상 몇 개 이하일까요?

( )

>> 정답 및 풀이 **3~4**쪽

04-1 규연이네 반 학생들이 정원이 15명인 보트를 모두 타려면 보트는 적어도 3번 운행해야 합니
변형 다. 규연이네 반 학생은 몇 명 초과 몇 명 미만일까요?

( )

04-2 한별이네 학교 5학년 학생들이 정원이 30명인 놀이 기구를 모두 타려면 놀이 기구는 적어도
변형 6번 운행해야 합니다. 한별이네 학교 5학년 학생들은 몇 명 초과 몇 명 이하인지 수직선에
나타내 보세요.

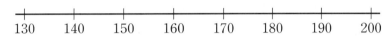

04-3 승아네 학교 5학년 학생들이 체험 학습을 가려면 정원이 40명인 버스가 적어도 5대 필요합
발전 니다. 학생 한 명에게 생수를 2병씩 나누어 주려면 준비해야 하는 생수는 몇 병 이상 몇 병
이하일까요?

( )

1

수의 범위와 어림하기

올림과 버림 중 알맞은 방법을 선택하여 해결하자. (1)

14500원짜리 인형을 살 때	100원짜리 동전 23개를 지폐로 바꿀 때

↓ ↓

1000원짜리 지폐로만 낸다면?　　　　1000원짜리 지폐로만 바꾸면?

↓ ↓

올림하여 　　　　　　　　버림하여
천의 자리까지 나타내기 　　　　천의 자리까지 나타내기
$14500 \longrightarrow 15000$ 　　　$2300 \longrightarrow 2000$

↓ ↓

내야 하는 돈: 최소 15000원 　　　바꿀 수 있는 돈: 최대 2000원

대표 유형 05

동호는 4500원짜리 식빵 한 개와 3000원짜리 피자빵 한 개를 샀습니다. 1000원짜리 지폐로만 낸다면 최소 얼마를 내야 할까요?

풀이

❶ (식빵 한 개와 피자빵 한 개의 값)$=4500+$ ⬚ $=$ ⬚ (원)

❷ 1000원짜리 지폐로만 내야 하므로

7500을 (올림 , 버림)하여 천의 자리까지 나타내면 ⬚ 입니다.

❸ 동호는 최소 ⬚ 원을 내야 합니다.

답 _____

예제 효빈이는 9500원짜리 책 한 권과 12000원짜리 문제집 한 권을 샀습니다. 10000원짜리 지폐로만 낸다면 최소 얼마를 내야 할까요?

(　　　　　　　)

05-1 저금통에 100원짜리 동전이 36개, 500원짜리 동전이 16개 있습니다. 저금통에 있는 동전을 1000원짜리 지폐로만 바꾸면 최대 몇 장까지 바꿀 수 있을까요?

(   )

05-2 윤성이네 학교 남학생은 250명, 여학생은 242명입니다. 전체 학생들이 불우이웃 돕기 성금으로 500원짜리 동전을 한 개씩 냈습니다. 학생들이 모은 성금을 10000원짜리 지폐로만 바꾸면 최대 몇 장까지 바꿀 수 있을까요?

(   )

05-3 은우와 희연이는 26500원짜리 가방을 1개씩 사려고 합니다. 가방값을 은우는 10000원짜리, 희연이는 1000원짜리 지폐로만 내려고 합니다. 두 사람이 내야 할 지폐 수의 합은 최소 몇 장일까요?

(   )

1

수의 범위와 어림하기

올림과 버림 중 알맞은 방법을 선택하여 해결하자. (2)

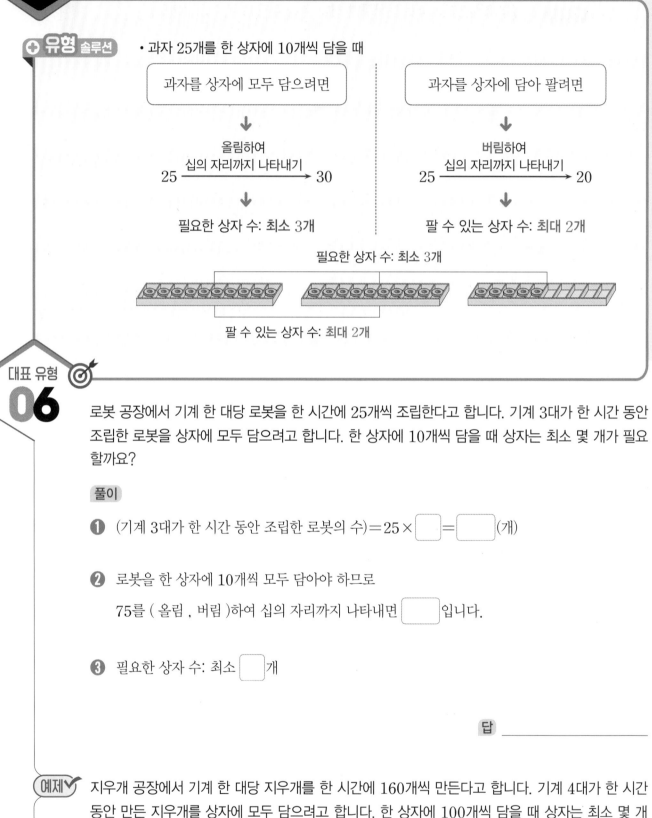

⊕ 유형 솔루션

• 과자 25개를 한 상자에 10개씩 담을 때

| 과자를 상자에 모두 담으려면 | 과자를 상자에 담아 팔려면 |

↓ ↓

올림하여 버림하여
십의 자리까지 나타내기 십의 자리까지 나타내기
25 ──→ 30   25 ──→ 20

↓ ↓

필요한 상자 수: 최소 3개   팔 수 있는 상자 수: 최대 2개

필요한 상자 수: 최소 3개

팔 수 있는 상자 수: 최대 2개

대표 유형 06

로봇 공장에서 기계 한 대당 로봇을 한 시간에 25개씩 조립한다고 합니다. 기계 3대가 한 시간 동안 조립한 로봇을 상자에 모두 담으려고 합니다. 한 상자에 10개씩 담을 때 상자는 최소 몇 개가 필요할까요?

풀이

❶ (기계 3대가 한 시간 동안 조립한 로봇의 수)=25×☐=☐(개)

❷ 로봇을 한 상자에 10개씩 모두 담아야 하므로

75를 (올림 , 버림)하여 십의 자리까지 나타내면 ☐ 입니다.

❸ 필요한 상자 수: 최소 ☐ 개

답 _____

예제✔ 지우개 공장에서 기계 한 대당 지우개를 한 시간에 160개씩 만든다고 합니다. 기계 4대가 한 시간 동안 만든 지우개를 상자에 모두 담으려고 합니다. 한 상자에 100개씩 담을 때 상자는 최소 몇 개가 필요할까요?

( )

06-1
변형
귤 1536개를 한 상자에 100개씩 담아 팔려고 합니다. 한 상자에 30000원씩 판다면 귤을 팔아서 받을 수 있는 돈은 최대 얼마일까요?

(   )

06-2
변형
색 테이프 5275 cm를 1 m 단위로 팔려고 합니다. 1 m에 1000원씩 판다면 색 테이프를 팔아서 받을 수 있는 돈은 최대 얼마일까요?

(   )

06-3
변형
민호네 학교 학생 311명에게 공책을 2권씩 나누어 주려고 합니다. 문구점에서 공책을 10권씩 묶음으로만 판다면 공책은 최소 몇 묶음을 사야 할까요?

(   )

06-4
발전
빵 한 개를 만드는 데 밀가루가 180 g 필요합니다. 마트에서 한 봉지에 1 kg씩 들어 있는 밀가루를 2500원에 팔고 있습니다. 똑같은 빵 20개를 만들기 위해 밀가루를 사려면 필요한 돈은 최소 얼마일까요?

(   )

어림한 값을 보고 □ 안에 들어갈 수를 구하자.

유형 솔루션

12□

① 12□를 반올림하여 십의 자리까지 나타낸 수가 120일 때:

□=0, 1, 2, 3, 4

② 12□를 반올림하여 십의 자리까지 나타낸 수가 130일 때:

□=5, 6, 7, 8, 9

대표 유형 07

다음 네 자리 수를 버림하여 십의 자리까지 나타낸 수와 반올림하여 십의 자리까지 나타낸 수가 같습니다. ■에 들어갈 수 있는 수를 모두 구하세요.

326■

풀이

❶ 326■를 버림하여 십의 자리까지 나타낸 수가 [   ]이므로

반올림하여 십의 자리까지 나타낸 수도 [   ]입니다.

❷ 326■를 반올림하여 십의 자리까지 나타낸 수가 ❶에서 구한 수가 되려면

■에 들어갈 수 있는 수: [ ], [ ], [ ], [ ], [ ]

답 _____

예제 다음 네 자리 수를 올림하여 백의 자리까지 나타낸 수와 반올림하여 백의 자리까지 나타낸 수가 같습니다. □ 안에 들어갈 수 있는 수를 모두 구하세요.

41□3

(   )

07-1
변형
다음 다섯 자리 수를 올림하여 천의 자리까지 나타낸 수와 반올림하여 천의 자리까지 나타낸 수가 같습니다. ◯ 안에 들어갈 수 있는 수를 모두 구하세요.

$$24\boxed{}17$$

( )

07-2
변형
다음 네 자리 수를 버림하여 백의 자리까지 나타낸 수와 반올림하여 백의 자리까지 나타낸 수가 같습니다. ◯ 안에 들어갈 수 있는 모든 수의 합을 구하세요.

$$85\boxed{}9$$

( )

1

수의 범위와 어림하기

07-3
발전
다음 다섯 자리 수를 올림하여 천의 자리까지 나타낸 수와 반올림하여 천의 자리까지 나타낸 수가 같습니다. 어림하기 전의 수가 될 수 있는 다섯 자리 수 중 가장 작은 수와 가장 큰 수를 각각 구하세요.

$$59\blacksquare\blacktriangle3$$

가장 작은 수 ( )
가장 큰 수 ( )

어림하기 전의 수의 범위를 먼저 구하자.

- 올림하여 십의 자리까지 나타낸 수가 30이 되는 수의 범위

20 21 22 23 24 25 26 27 28 29 30

→ (30−10) 초과 30 이하인 수
→ 20 초과 30 이하인 수

- 버림하여 십의 자리까지 나타낸 수가 30이 되는 수의 범위

30 31 32 33 34 35 36 37 38 39 40

→ 30 이상 (30＋10) 미만인 수
→ 30 이상 40 미만인 수

- 반올림하여 십의 자리까지 나타낸 수가 30이 되는 수의 범위

25 26 27 28 29 30 31 32 33 34 35

→ (30−5) 이상 (30＋5) 미만인 수
→ 25 이상 35 미만인 수

대표 유형 08

올림하여 십의 자리까지 나타내면 150이 되는 자연수 중에서 가장 작은 수와 가장 큰 수를 각각 구하세요.

풀이

❶ 올림하여 십의 자리까지 나타내면 150이 되는 수의 범위:

[　　　] 초과 [　　　] 이하인 수

❷ ❶에서 가장 작은 자연수: [　　　], 가장 큰 자연수: [　　　]

답 가장 작은 수 ＿＿＿＿＿＿＿＿＿＿

가장 큰 수 ＿＿＿＿＿＿＿＿＿＿

예제 버림하여 백의 자리까지 나타내면 600이 되는 자연수 중에서 가장 작은 수와 가장 큰 수를 각각 구하세요.

가장 작은 수 (　　　　　　　　　　)
가장 큰 수 (　　　　　　　　　　)

>> 정답 및 풀이 **6~7**쪽

08-1
(변형)
반올림하여 백의 자리까지 나타내면 1200이 되는 자연수 중에서 가장 작은 수와 가장 큰 수의 합을 구하세요.

(   )

08-2
(변형)
버림하여 천의 자리까지 나타내면 24000이 되는 자연수 중에서 가장 큰 수와 가장 작은 수의 차를 구하세요.

(   )

08-3
(변형)
반올림하여 십의 자리까지 나타내면 1360이 되는 자연수 중에서 1360 미만인 수는 모두 몇 개일까요?

(   )

08-4
(발전)
올림하여 십의 자리까지 나타내면 380이고, 버림하여 십의 자리까지 나타내면 370이 되는 자연수는 모두 몇 개일까요?

(   )

두 수의 차가 작을수록 가까운 수이다.

⊕ 유형 솔루션

- 수 카드 $\boxed{1}$, $\boxed{2}$, $\boxed{6}$, $\boxed{8}$ 을 한 번씩 모두 사용하여 2000에 가장 가까운 네 자리 수 만들기

  ① 2000보다 작고 2000에 가장 가까운 수: 1862

  ② 2000보다 크고 2000에 가장 가까운 수: 2168

  $$2000 - 1862 = 138 \qquad\qquad 2168 - 2000 = 168$$

  ```
  ├──────────────┼──────────────────┤
  1862          2000              2168
  ```

  → 2000에 가장 가까운 네 자리 수: 1862

대표 유형 09

4장의 수 카드를 한 번씩 모두 사용하여 3000에 가장 가까운 네 자리 수를 만들었습니다. 만든 네 자리 수를 반올림하여 십의 자리까지 나타내 보세요.

$$\boxed{2} \quad \boxed{3} \quad \boxed{0} \quad \boxed{9}$$

풀이

❶ 3000보다 작고 3000에 가장 가까운 수: ⬚

  → 3000과의 차는 $3000 - \boxed{} = \boxed{}$

❷ 3000보다 크고 3000에 가장 가까운 수: ⬚

  → 3000과의 차는 $\boxed{} - 3000 = \boxed{}$

❸ 3000에 가장 가까운 네 자리 수: ⬚

❹ ❸에서 구한 네 자리 수를 반올림하여 십의 자리까지 나타내기: ⬚

답 _____

예제 4장의 수 카드를 한 번씩 모두 사용하여 5000에 가장 가까운 네 자리 수를 만들었습니다. 만든 네 자리 수를 반올림하여 백의 자리까지 나타내 보세요.

$$\boxed{2} \quad \boxed{5} \quad \boxed{8} \quad \boxed{4}$$

(   )

>> 정답 및 풀이 **7**쪽

09-1 5장의 수 카드를 한 번씩 모두 사용하여 40000에 가장 가까운 다섯 자리 수를 만들었습니다.
변형 만든 다섯 자리 수를 올림하여 천의 자리까지 나타내 보세요.

$$\boxed{3} \quad \boxed{4} \quad \boxed{0} \quad \boxed{7} \quad \boxed{5}$$

(   )

09-2 5장의 수 카드를 한 번씩 모두 사용하여 70000에 가장 가까운 다섯 자리 수를 만들었습니다.
변형 만든 다섯 자리 수를 버림하여 만의 자리까지 나타내 보세요.

$$\boxed{5} \quad \boxed{6} \quad \boxed{7} \quad \boxed{1} \quad \boxed{9}$$

(   )

1

수의 범위와 어림하기

09-3 4장의 수 카드를 두 번씩 사용하여 8000만에 가장 가까운 여덟 자리 수를 만들었습니다.
발전 만든 여덟 자리 수를 반올림하여 만의 자리까지 나타내 보세요.

$$\boxed{1} \quad \boxed{5} \quad \boxed{7} \quad \boxed{8}$$

(   )

🎯 대표 유형 **01**

01 두 수의 범위에 공통으로 포함되는 자연수를 모두 구하세요.

> • 22 이상 27 미만인 수
> • 24 초과 30 이하인 수

풀이

답 _____

🎯 대표 유형 **05**

02 승현이는 5500원짜리 팽이 한 개와 1200원짜리 공책 한 권을 샀습니다. 1000원짜리 지폐로만 낸다면 최소 얼마를 내야 할까요?

Tip 🔼
물건값을 지폐로만 낼 때 돈이 부족하면 안 됩니다.

풀이

답 _____

🎯 대표 유형 **03**

03 민준이는 택배를 보내려고 합니다. 무게를 재어 보니 감자는 5 kg이고, 고구마는 감자보다 6 kg 더 무거웠습니다. 감자와 고구마를 각각 다른 곳으로 보낼 때 두 택배 요금의 합은 얼마일까요?

(단, 상자의 무게는 생각하지 않습니다.)

Tip 🔼
감자와 고구마의 무게가 속하는 범위를 먼저 알아봅니다.

무게별 택배 요금

무게(kg)	금액(원)
5 이하	5000
5 초과 10 이하	8000
10 초과 20 이하	10000
20 초과 30 이하	12000

풀이

답 _____

04 반올림하여 백의 자리까지 나타내면 1700이 되는 수의 범위를 이상과 미만을 사용하여 수직선에 나타내 보세요.

⊙ 대표 유형 **08**

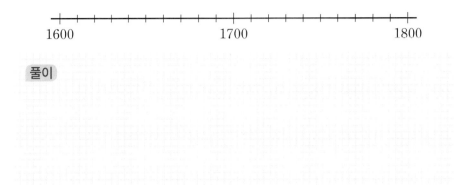

Tip ⬆
반올림하여 백의 자리까지 나타낸 수가 ■가 되는 수의 범위:
(■−50) 이상
(■+50) 미만인 수

풀이

05 수직선에 나타낸 수의 범위에 포함되는 3의 배수는 모두 5개입니다. ㉠에 들어갈 수 있는 자연수를 모두 구하세요.

⊙ 대표 유형 **02**

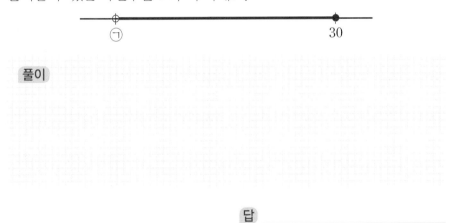

Tip ⬆
경곗값이 수의 범위에 포함되는지 먼저 알아봅니다.

풀이

답 _____

06 5장의 수 카드 중에서 3장을 골라 한 번씩 사용하여 세 자리 수를 만들려고 합니다. 만들 수 있는 수를 반올림하여 십의 자리까지 나타내면 580이 되는 수를 모두 써 보세요.

⊙ 대표 유형 **08**

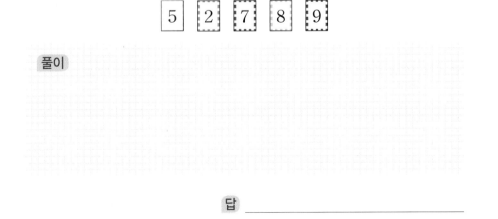

풀이

답 _____

1

수의 범위와 어림하기

◎ 대표 유형 **07**

07 다음 다섯 자리 수를 버림하여 천의 자리까지 나타낸 수와 반올림하여 천의 자리까지 나타낸 수가 같습니다. ◯ 안에 들어갈 수 있는 수를 모두 구하세요.

$$67◯05$$

풀이

답 _____

◎ 대표 유형 **08**

08 어느 마라톤 대회의 참가자 수를 올림하여 백의 자리까지 나타냈더니 15200명이었습니다. 마라톤 참가자 모두에게 빵을 2개씩 나누어 주려면 빵을 적어도 몇 개 준비해야 할까요?

Tip
참가자 모두에게 빵을 나누어 주려면 참가자 수가 가장 많은 경우를 생각해야 합니다.

풀이

답 _____

◎ 대표 유형 **04**

09 준서네 학교 5학년 학생들이 10명까지 앉을 수 있는 긴 의자에 모두 앉으려면 긴 의자가 적어도 25개 필요합니다. 준서네 학교 5학년 학생은 몇 명 이상 몇 명 이하일까요?

Tip
준서네 학교 5학년 학생 수가 가장 적은 경우와 가장 많은 경우를 각각 알아봅니다.

풀이

답 _____

🎯 대표 유형 09

10 5장의 수 카드를 한 번씩 모두 사용하여 60000에 가장 가까운 다섯 자리 수를 만들었습니다. 만든 다섯 자리 수를 반올림하여 백의 자리까지 나타내 보세요.

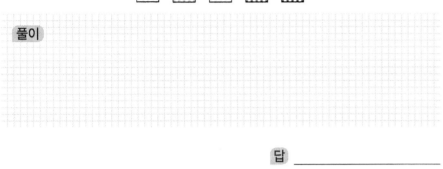

5 6 0 4 9

풀이

답 _____

🎯 대표 유형 01

11 다음 조건을 만족하는 자연수는 모두 몇 개일까요?

> • 올림하여 십의 자리까지 나타내면 630입니다.
> • 버림하여 십의 자리까지 나타내면 620입니다.
> • 반올림하여 십의 자리까지 나타내면 620입니다.

Tip
세 조건의 어림하기 전의 수의 범위를 먼저 알아봅니다.

1

수의 범위와 어림하기

풀이

답 _____

🎯 대표 유형 06

12 태은이는 색종이 284장을 사려고 합니다. ㉮ 문구점에서는 색종이를 10장씩 묶음으로만 팔고 한 묶음에 700원입니다. ㉯ 문구점에서는 색종이를 100장씩 묶음으로만 팔고 한 묶음에 6000원입니다. 색종이를 최소 묶음으로 살 때 어느 문구점에서 사는 것이 얼마나 돈이 적게 들까요?

Tip
㉮와 ㉯ 문구점에서 각각 살 때의 색종이 값을 비교합니다.

풀이

답 _____ , _____

2

분수의 곱셈

(분수)×(자연수), (자연수)×(분수)

교과서 개념

◉ (분수)×(자연수)

예 $\dfrac{5}{6} \times 3$의 계산

방법1 $\dfrac{5}{6} \times 3 = \dfrac{5 \times 3}{6}$

$= \dfrac{\overset{5}{\cancel{15}}}{\underset{2}{\cancel{6}}} = \dfrac{5}{2} = 2\dfrac{1}{2}$

방법2 $\dfrac{5}{\underset{2}{\cancel{6}}} \times \overset{1}{\cancel{3}} = \dfrac{5}{2}$

$= 2\dfrac{1}{2}$

◉ (자연수)×(분수)

예 $2 \times 1\dfrac{1}{3}$의 계산

방법1 $2 \times 1\dfrac{1}{3} = 2 \times \dfrac{4}{3} = \dfrac{2 \times 4}{3}$

$= \dfrac{8}{3} = 2\dfrac{2}{3}$

방법2 $2 \times 1\dfrac{1}{3} = (2 \times 1) + \left(2 \times \dfrac{1}{3}\right)$

$= 2 + \dfrac{2}{3} = 2\dfrac{2}{3}$

01 계산해 보세요.

(1) $\dfrac{3}{4} \times 6$

(2) $10 \times \dfrac{3}{8}$

02 빈칸에 알맞은 수를 써넣으세요.

(1)

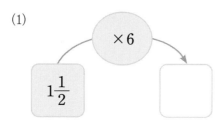

(2)

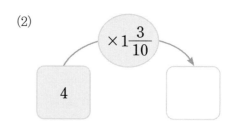

03 선우는 매일 $2\dfrac{1}{4}$ km씩 걷습니다. 선우가 6일 동안 걸은 거리는 모두 몇 km일까요?

( )

활용 개념 **1** 계산 결과 비교하기

$$■ × (1보다 작은 수) < ■$$
$$\quad\quad\quad ↳ 진분수$$

예 $10 × \dfrac{1}{2} (=5) < 10$

$$■ × (1보다 큰 수) > ■$$
$$\quad\quad\quad ↳ 대분수$$

예 $10 × 1\dfrac{3}{5} (=16) > 10$

04 계산 결과가 9보다 큰 것을 모두 고르세요. ⋯⋯⋯⋯⋯⋯⋯⋯⋯⋯⋯ ( )

① $9 × \dfrac{2}{3}$　　　　② $9 × \dfrac{5}{6}$　　　　③ $9 × 1$

④ $9 × 1\dfrac{1}{3}$　　　　⑤ $9 × 1\dfrac{5}{18}$

활용 개념 **2** 분배법칙 중등 연계

( ) 안의 두 수를 각각 곱하여도 계산 결과는 같습니다.

$$(a+b) × c = a × c + b × c$$

예
$$2\dfrac{1}{4} × 3 = \left(2 + \dfrac{1}{4}\right) × 3$$
$$= (2×3) + \left(\dfrac{1}{4} × 3\right)$$
$$= 6\dfrac{3}{4}$$

$$a × (b+c) = a × b + a × c$$

예
$$2 × 1\dfrac{2}{5} = 2 × \left(1 + \dfrac{2}{5}\right)$$
$$= (2×1) + \left(2 × \dfrac{2}{5}\right)$$
$$= 2\dfrac{4}{5}$$

05 보기 와 같이 계산해 보세요.

보기

$$1\dfrac{5}{8} × 4 = \left(1 + \dfrac{5}{8}\right) × 4 = (1 × 4) + \left(\dfrac{5}{\overset{}{8}} × \overset{1}{4}\right) = 4 + 2\dfrac{1}{2} = 6\dfrac{1}{2}$$

$1\dfrac{2}{9} × 6$ _____

2

분수의 곱셈

진분수의 곱셈

● (단위분수) × (단위분수)

예 $\dfrac{1}{7} \times \dfrac{1}{2}$의 계산

$$\dfrac{1}{7} \times \dfrac{1}{2} = \dfrac{1}{7 \times 2} = \dfrac{1}{14}$$

● (진분수) × (진분수)

예 $\dfrac{2}{3} \times \dfrac{5}{8}$의 계산

방법1 $\dfrac{2}{3} \times \dfrac{5}{8} = \dfrac{2 \times 5}{3 \times 8}$

$= \dfrac{\overset{5}{\cancel{10}}}{\underset{12}{\cancel{24}}} = \dfrac{5}{12}$

방법2 $\dfrac{\overset{1}{\cancel{2}}}{3} \times \dfrac{5}{\underset{4}{\cancel{8}}} = \dfrac{1 \times 5}{3 \times 4}$

$= \dfrac{5}{12}$

01 계산해 보세요.

(1) $\dfrac{2}{5} \times \dfrac{3}{4}$

(2) $\dfrac{4}{7} \times \dfrac{5}{12}$

02 크기를 비교하여 ○ 안에 >, =, <를 알맞게 써넣으세요.

$$\dfrac{1}{3} \times \dfrac{1}{5} \bigcirc \dfrac{1}{10}$$

03 색 테이프가 $\dfrac{1}{4}$ m 있습니다. 그중 $\dfrac{2}{3}$를 사용하였다면 사용한 색 테이프의 길이는 몇 m일까요?

( )

활용 개념 1 세 분수의 곱셈

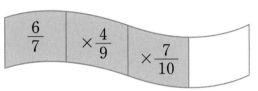

예 $\dfrac{4}{5} \times \dfrac{1}{3} \times \dfrac{5}{6}$ 의 계산

방법1 $\dfrac{4}{5} \times \dfrac{1}{3} \times \dfrac{5}{6} = \left(\dfrac{4}{5} \times \dfrac{1}{3} \right) \times \dfrac{5}{6} = \dfrac{\overset{2}{\cancel{4}}}{15} \times \dfrac{\overset{1}{\cancel{5}}}{\underset{3}{\cancel{6}}} = \dfrac{2}{9}$

방법2 $\dfrac{4}{5} \times \dfrac{1}{3} \times \dfrac{5}{6} = \dfrac{4 \times 1 \times 5}{5 \times 3 \times 6} = \dfrac{\overset{2}{\cancel{20}}}{\underset{9}{\cancel{90}}} = \dfrac{2}{9}$

방법3 $\dfrac{\overset{2}{\cancel{4}}}{\underset{1}{\cancel{5}}} \times \dfrac{1}{3} \times \dfrac{\overset{1}{\cancel{5}}}{\underset{3}{\cancel{6}}} = \dfrac{2}{9}$

04 빈칸에 알맞은 수를 써넣으세요.

$$\boxed{\dfrac{6}{7}} \quad \boxed{\times \dfrac{4}{9}} \quad \boxed{\times \dfrac{7}{10}} \quad \boxed{}$$

활용 개념 2 부분의 곱 구하기

① 전체의 $\dfrac{3}{4}$ 의 $\dfrac{1}{2}$ 만큼 구하기

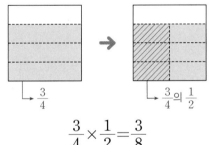

$\dfrac{3}{4}$ → $\dfrac{3}{4}$ 의 $\dfrac{1}{2}$

$$\dfrac{3}{4} \times \dfrac{1}{2} = \dfrac{3}{8}$$

② 전체의 $\dfrac{3}{4}$ 을 제외한 나머지의 $\dfrac{1}{2}$ 만큼 구하기

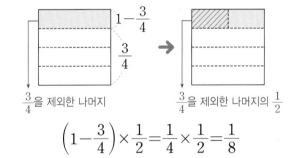

$\dfrac{3}{4}$ 을 제외한 나머지 → $\dfrac{3}{4}$ 을 제외한 나머지의 $\dfrac{1}{2}$

$$\left(1 - \dfrac{3}{4} \right) \times \dfrac{1}{2} = \dfrac{1}{4} \times \dfrac{1}{2} = \dfrac{1}{8}$$

05 승호네 밭의 $\dfrac{2}{3}$ 에는 채소를 심었고, 그중 $\dfrac{1}{2}$ 에는 무를 심었습니다. 무를 심은 밭은 승호네 밭 전체의 몇 분의 몇일까요?

(   )

06 영지네 밭의 $\dfrac{2}{5}$ 에는 배추를 심었고, 나머지 밭의 $\dfrac{2}{3}$ 에는 상추를 심었습니다. 상추를 심은 밭은 영지네 밭 전체의 몇 분의 몇일까요?

(   )

 **대분수의 곱셈**

◑ (대분수) × (대분수)

예 $2\frac{1}{4} \times 1\frac{1}{3}$의 계산

방법1 $2\frac{1}{4} \times 1\frac{1}{3} = \frac{\overset{3}{\cancel{9}}}{\underset{1}{\cancel{4}}} \times \frac{\overset{1}{\cancel{4}}}{\underset{1}{\cancel{3}}} = 3$

방법2 $2\frac{1}{4} \times 1\frac{1}{3} = \left(2\frac{1}{4} \times 1\right) + \left(2\frac{1}{4} \times \frac{1}{3}\right)$

$= 2\frac{1}{4} + \left(\frac{\overset{3}{\cancel{9}}}{4} \times \frac{1}{\underset{1}{\cancel{3}}}\right) = 2\frac{1}{4} + \frac{3}{4} = 3$

$2\frac{1}{4}$에 $1\frac{1}{3}$의 자연수 부분과 진분수 부분을 각각 곱하여 더해요.

01 계산해 보세요.

(1) $6\frac{2}{3} \times \frac{3}{8}$

(2) $1\frac{5}{6} \times 1\frac{2}{11}$

02 계산이 <u>잘못된</u> 곳을 찾아 바르게 계산해 보세요.

$$2\frac{\overset{1}{\cancel{3}}}{7} \times 2\frac{1}{\underset{1}{\cancel{3}}} = \frac{15}{7} \times 2 = \frac{30}{7} = 4\frac{2}{7}$$

➜ $2\frac{3}{7} \times 2\frac{1}{3}$ _____

03 가장 큰 수와 가장 작은 수의 곱을 구하세요.

$$5\frac{1}{10} \qquad 6\frac{3}{4} \qquad 4\frac{2}{7} \qquad 2\frac{2}{3}$$

( )

04 ☐ 안에 들어갈 수 있는 자연수 중에서 가장 큰 수를 구하세요.

$$2\frac{1}{9} \times 1\frac{1}{2} > \square$$

( )

05 강인이는 찰흙 $3\frac{1}{8}$ kg을 사용했고, 은서는 강인이가 사용한 찰흙의 $1\frac{2}{5}$만큼 사용했습니다. 은서가 사용한 찰흙은 몇 kg일까요?

( )

2

분수의 곱셈

활용 개념 1 도형의 넓이 구하기

- 직사각형의 넓이 구하기

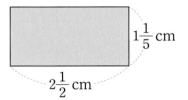

(직사각형의 넓이)=(가로)×(세로)

$$=2\frac{1}{2} \times 1\frac{1}{5} = \frac{\overset{1}{\cancel{5}}}{\cancel{2}} \times \frac{\overset{3}{\cancel{6}}}{\cancel{5}} = 3 \,(\text{cm}^2)$$

06 직사각형의 넓이는 몇 cm²일까요?

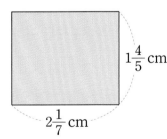

$1\frac{4}{5}$ cm

$2\frac{1}{7}$ cm

( )

식을 간단히 하여 분수의 크기를 비교하자.

$$\frac{2}{3} \times \frac{2}{7} > \frac{\square}{21}$$

↓

곱셈식을 계산하여 식을 간단히 만들기

$$\frac{4}{21} > \frac{\square}{21}$$

↓

□ 안에 들어갈 수 있는 자연수 구하기

$$\square = 1, 2, 3$$

대표 유형 01

■에 들어갈 수 있는 자연수를 모두 구하세요.

$$\frac{4}{9} \times \frac{3}{5} > \frac{\blacksquare}{15}$$

풀이

❶ $\dfrac{4}{\underset{3}{\cancel{9}}} \times \dfrac{\overset{1}{\cancel{3}}}{5} = \dfrac{\square}{\square}$

❷ $\dfrac{\square}{\square} > \dfrac{\blacksquare}{15}$ → ■에 들어갈 수 있는 자연수: $\square$, $\square$, $\square$

답 _____

예제 □ 안에 들어갈 수 있는 자연수를 모두 구하세요.

$$\frac{\square}{7} < \frac{6}{7} \times \frac{1}{2}$$

(   )

01-1
변형

□ 안에 들어갈 수 있는 자연수는 모두 몇 개일까요?

$$4\frac{4}{5} \times 1\frac{1}{3} > \square\frac{1}{5}$$

(   )

01-2
변형

□ 안에 들어갈 수 있는 자연수 중에서 가장 작은 수를 구하세요.

$$\frac{1}{9} \times \frac{1}{6} > \frac{1}{\square} \times \frac{1}{8}$$

(   )

2

분수의 곱셈

01-3
발전

□ 안에 들어갈 수 있는 자연수를 모두 구하세요.

$$\frac{1}{30} < \frac{1}{7} \times \frac{1}{\square} < \frac{1}{10}$$

(   )

분 또는 시간으로 나타내 계산하자.

$$1분 = 60초$$

예 $20초 = \dfrac{20}{60}분 = \dfrac{1}{3}분$

$$1시간 = 60분$$

예 $30분 = \dfrac{30}{60}시간 = \dfrac{1}{2}시간$

대표 유형 02

한 시간에 20 km를 달리는 전기 자전거가 있습니다. 이 전기 자전거가 같은 빠르기로 1시간 15분 동안 달릴 수 있는 거리는 몇 km일까요?

풀이

❶ 1시간 15분 $= \boxed{}\dfrac{\boxed{}}{60}$시간 $= \boxed{}\dfrac{\boxed{}}{4}$시간

❷ (전기 자전거가 1시간 15분 동안 달릴 수 있는 거리)

$= 20 \times \boxed{}\dfrac{\boxed{}}{4} = \overset{5}{20} \times \dfrac{\boxed{}}{\underset{1}{4}} = \boxed{}$ (km)

답 _____

예제 한 시간에 75 km를 달리는 자동차가 있습니다. 이 자동차가 같은 빠르기로 2시간 20분 동안 달릴 수 있는 거리는 몇 km일까요?

(   )

>> 정답 및 풀이 **11~12**쪽

02-1
변형
우재는 자전거를 타고 한 시간에 $8\frac{2}{5}$ km를 달립니다. 우재가 같은 빠르기로 하루에 40분씩 일주일 동안 달렸습니다. 우재가 자전거를 타고 달린 거리는 모두 몇 km일까요?

( )

02-2
변형
1분에 각각 $\frac{5}{8}$ L, $1\frac{1}{4}$ L의 물이 일정하게 나오는 두 수도꼭지가 있습니다. 두 수도꼭지를 동시에 틀어서 6분 40초 동안 물을 받는다면 받을 수 있는 물은 모두 몇 L일까요?

( )

2

분수의 곱셈

02-3
발전
1분에 각각 $1\frac{3}{5}$ km, $1\frac{9}{10}$ km의 빠르기로 달리는 두 버스가 있습니다. 두 버스가 각각 일정한 빠르기로 동시에 같은 장소에서 출발하여 반대 방향으로 4분 24초 동안 달렸을 때, 두 버스 사이의 거리는 몇 km일까요?

( )

분수는 분모가 클수록, 분자가 작을수록 작다.

⊕ 유형 솔루션

1, 2, 3, 4를 한 번씩만 사용하여 만든

두 진분수의 곱이 가장 작으려면?

↓

진분수의 곱은 분모가 클수록, 분자가 작을수록 작아지므로

분모에는 4, 3을, 분자에는 1, 2를 놓습니다.

↓

계산 결과가 가장 작을 때의 곱: $\dfrac{1 \times \overset{1}{2}}{\underset{2}{4} \times 3} = \dfrac{1}{6}$

대표 유형

03

4장의 수 카드를 한 번씩만 사용하여 2개의 진분수를 만들어 곱하려고 합니다. 계산 결과가 가장 작을 때의 곱을 구하세요.

2 5 7 9

풀이

❶ 진분수의 곱은 분모가 (클수록 , 작을수록), 분자가 (클수록 , 작을수록) 작아집니다.

❷ 계산 결과가 가장 작을 때의 곱: $\dfrac{\square \times \square}{\square \times \square} = \dfrac{\square}{\square}$

답 _____

예제☑ 4장의 수 카드를 한 번씩만 사용하여 2개의 진분수를 만들어 곱하려고 합니다. 계산 결과가 가장 작을 때의 곱을 구하세요.

4 5 6 8

(   )

>> 정답 및 풀이 **12~13**쪽

03-1
변형

6장의 수 카드를 한 번씩만 사용하여 3개의 진분수를 만들어 곱하려고 합니다. 계산 결과가 가장 작을 때의 곱을 구하세요.

$$\boxed{2} \quad \boxed{4} \quad \boxed{5} \quad \boxed{7} \quad \boxed{8} \quad \boxed{9}$$

( )

03-2
변형

6장의 수 카드 중 3장을 골라 한 번씩만 사용하여 분수의 곱셈식을 만들려고 합니다. 계산 결과가 가장 클 때와 가장 작을 때의 곱을 각각 구하세요.

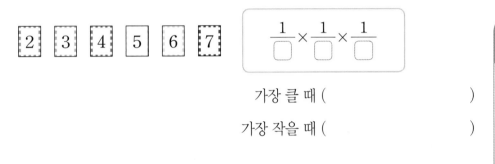

가장 클 때 ( )

가장 작을 때 ( )

03-3
발전

4장의 수 카드를 한 번씩만 사용하여 분수의 곱셈식을 만들려고 합니다. 계산 결과가 가장 작을 때의 곱을 구하세요.

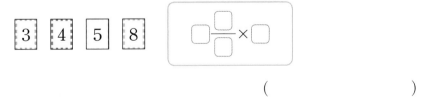

( )

(분수만큼 늘어난 전체 값)＝(처음 값)＋(분수만큼의 값)

⊕ 유형 솔루션

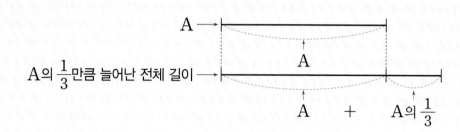

A의 $\frac{1}{3}$만큼 늘어난 전체 길이 →

대표 유형 04

길이가 16 cm인 고무줄을 잡아당겼더니 처음 길이의 $\frac{1}{4}$만큼 더 늘어났습니다. 늘어난 고무줄의 전체 길이는 몇 cm일까요?

풀이

❶ (늘어난 고무줄의 길이)＝(처음 고무줄의 길이)$\times \frac{1}{4}$

$$=\overset{4}{\cancel{16}}\times \frac{1}{\underset{1}{\cancel{4}}}=\boxed{}(\text{cm})$$

❷ (늘어난 고무줄의 전체 길이)＝(처음 고무줄의 길이)＋(늘어난 고무줄의 길이)

$$=16+\boxed{}$$

$$=\boxed{}(\text{cm})$$

답 _____

예제 ✔ 길이가 30 cm인 색 테이프에 처음 길이의 $\frac{1}{5}$만큼의 색 테이프를 겹치지 않게 이어 붙였습니다. 이어 붙인 색 테이프의 전체 길이는 몇 cm일까요?

(   )

>> 정답 및 풀이 **13~14**쪽

04-1
변형
어느 과자 회사에서 과자의 가격을 이전 가격의 $\dfrac{3}{10}$만큼 올렸습니다. 이전 가격이 2000원이었다면 현재 과자의 가격은 얼마일까요?

(   )

04-2
변형
키가 영준이는 150 cm이고, 누나는 영준이보다 영준이 키의 $\dfrac{1}{30}$만큼 더 큽니다. 동생은 누나 키의 $\dfrac{4}{5}$만큼일 때, 동생의 키는 몇 cm일까요?

(   )

04-3
변형
서윤이네 학교 작년 남학생은 450명이고, 올해 남학생은 작년보다 $\dfrac{1}{9}$만큼 늘어났습니다. 작년 여학생은 500명이고, 올해 여학생은 작년보다 $\dfrac{2}{25}$만큼 줄었습니다. 올해 남학생과 여학생은 각각 몇 명일까요?

남학생 (   )

여학생 (   )

04-4
발전
한 변의 길이가 15 cm인 정사각형의 가로를 $\dfrac{2}{5}$만큼 늘이고, 세로를 $\dfrac{1}{3}$만큼 줄여서 직사각형을 만들었습니다. 만든 직사각형의 넓이는 몇 cm²일까요?

(   )

●등분 했을 때 한 칸의 거리는 전체 거리의 $\dfrac{1}{\bullet}$이다.

⊕ 유형 솔루션

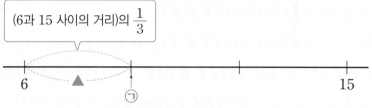

$$(6과 ⊙ 사이의 거리)의 \frac{1}{3}$$

▲＝(6과 ⊙ 사이의 거리)

$＝(15-6)\times\dfrac{1}{3}=\overset{3}{\cancel{9}}\times\dfrac{1}{\underset{1}{\cancel{3}}}=3$

➔ ⊙＝6＋▲＝6＋3＝9

대표 유형 05

수직선에서 2와 10 사이를 3등분 하였습니다. ⊙에 알맞은 수를 대분수로 나타내 보세요.

풀이

❶ 2와 ⊙ 사이의 거리는 2와 10 사이의 거리의 $\dfrac{1}{\boxed{}}$이므로

$(2와 ⊙ 사이의 거리)＝(10-2)\times\dfrac{1}{\boxed{}}=8\times\dfrac{1}{\boxed{}}=\boxed{}\dfrac{\boxed{}}{\boxed{}}$

❷ $⊙＝2+\boxed{}\dfrac{\boxed{}}{\boxed{}}=\boxed{}\dfrac{\boxed{}}{\boxed{}}$

답 ＿＿＿＿＿＿＿

예제✓ 수직선에서 3과 14 사이를 5등분 하였습니다. ⊙에 알맞은 수를 대분수로 나타내 보세요.

(   )

05-1
변형

수직선에서 $3\frac{5}{6}$와 $5\frac{1}{6}$ 사이를 8등분 하였습니다. ㉠에 알맞은 수를 구하세요.

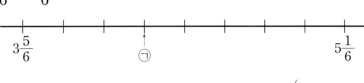

(   )

05-2
변형

수직선에서 $1\frac{4}{7}$와 $3\frac{2}{7}$ 사이를 9등분 하였습니다. ㉠과 ㉡에 알맞은 수를 각각 구하세요.

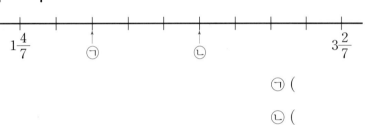

㉠ (   )

㉡ (   )

05-3
발전

두 수직선을 각각 같은 간격으로 나눈 것입니다. ㉠에 알맞은 수를 구하세요.

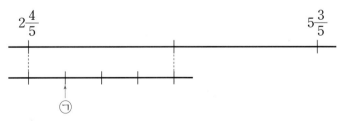

(   )

2

분수의 곱셈

계산 결과가 자연수가 되려면 분모를 약분하여 1이 되게 하자.

$$\frac{3}{5} \times \frac{\blacktriangle}{\blacksquare}$$

분모를 약분하여 1이 되게 하려면? ➡ ■는 3의 약수
▲는 5의 배수

대표 유형
06

$\frac{8}{9}$과 곱해서 자연수가 되게 하는 가장 작은 기약분수를 구하려고 합니다. 기약분수를 대분수로 나타내 보세요.

풀이

❶ 구하려는 기약분수를 $\frac{\blacktriangle}{\blacksquare}$ 라 할 때,

$$\frac{8}{9} \times \frac{\blacktriangle}{\blacksquare} = (\text{자연수})\text{이려면}$$

■는 ☐의 약수, ▲는 ☐의 배수이어야 합니다.

❷ $\frac{\blacktriangle}{\blacksquare}$ 가 가장 작으려면 분모는 크고, 분자는 작아야 하므로

$$\frac{\blacktriangle}{\blacksquare} = \frac{(\boxed{}\text{의 배수 중 가장 작은 수})}{(\boxed{}\text{의 약수 중 가장 큰 수})} = \frac{\boxed{}}{\boxed{}} = \boxed{}\frac{\boxed{}}{\boxed{}}$$

답 _____

예제☑ $\frac{15}{16}$와 곱해서 자연수가 되게 하는 가장 작은 기약분수를 구하려고 합니다. 기약분수를 대분수로 나타내 보세요.

(   )

>> 정답 및 풀이 **15**쪽

06-1 변형

두 식의 계산 결과는 모두 자연수입니다. ☐ 안에 공통으로 들어갈 수 있는 가장 작은 자연수를 구하세요.

$$\frac{1}{6} \times \square \qquad \frac{1}{10} \times \square$$

(   )

06-2 변형

두 식의 계산 결과는 모두 자연수입니다. ☐ 안에 공통으로 들어갈 수 있는 가장 큰 자연수를 구하세요.

$$42 \times \frac{1}{\square} \qquad 70 \times \frac{1}{\square}$$

(   )

2

분수의 곱셈

06-3 발전

두 식의 계산 결과는 모두 자연수입니다. ☐ 안에 공통으로 들어갈 수 있는 가장 작은 기약분수를 대분수로 나타내 보세요.

$$\frac{7}{15} \times \square \qquad \frac{21}{25} \times \square$$

(   )

공이 튀어 오르는 높이의 비율은 일정하다.

⊕ 유형 솔루션 ・ 떨어진 높이의 $\frac{2}{3}$ 만큼 튀어 오르는 공일 때, 튀어 오른 공의 높이 알아보기

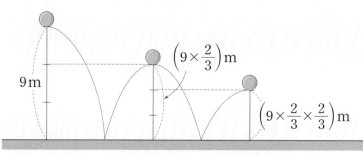

| 처음 높이 | 첫 번째로 튀어 오른 공의 높이 | 두 번째로 튀어 오른 공의 높이 |

대표 유형

07

떨어진 높이의 $\frac{3}{4}$ 만큼 튀어 오르는 공이 있습니다. 이 공을 16 m 높이에서 떨어뜨렸을 때, 두 번째로 튀어 오른 공의 높이는 몇 m일까요?

풀이

❶ (첫 번째로 튀어 오른 공의 높이)=(떨어진 높이)$\times \frac{3}{4}$

$$=\overset{4}{\cancel{16}} \times \frac{3}{\underset{1}{\cancel{4}}}=\boxed{}\text{(m)}$$

❷ (두 번째로 튀어 오른 공의 높이)=❶$\times \frac{3}{4}$

$$=\boxed{}\times \frac{3}{4}=\boxed{}\text{(m)}$$

답 _____

예제 떨어진 높이의 $\frac{5}{6}$ 만큼 튀어 오르는 공이 있습니다. 이 공을 12 m 높이에서 떨어뜨렸을 때, 두 번째로 튀어 오른 공의 높이는 몇 m일까요?

(   )

07-1
변형

떨어진 높이의 $\frac{3}{5}$만큼 튀어 오르는 공이 있습니다. 이 공을 50 m 높이에서 떨어뜨렸을 때, 세 번째로 튀어 오른 공의 높이는 몇 m일까요?

(   )

07-2
발전

떨어진 높이의 $\frac{2}{3}$만큼 튀어 오르는 공이 있습니다. 이 공을 15 m 높이에서 떨어뜨렸을 때, 공이 두 번째로 땅에 닿을 때까지 움직인 전체 거리는 몇 m일까요?

(단, 공은 땅과 수직으로만 움직입니다.)

(   )

2

분수의 곱셈

07-3
발전

떨어진 높이의 $\frac{5}{8}$만큼 튀어 오르는 공이 있습니다. 이 공을 24 m 높이에서 떨어뜨렸을 때, 공이 세 번째로 땅에 닿을 때까지 움직인 전체 거리는 몇 m일까요?

(단, 공은 땅과 수직으로만 움직입니다.)

(   )

$\dfrac{\blacktriangle}{\blacksquare}$ 를 사용하고 남은 양은 전체에 $1-\dfrac{\blacktriangle}{\blacksquare}$ 를 곱한 값이다.

➕ **유형 솔루션**

• 전체의 $\dfrac{2}{3}$ 를 사용한 다음 남은 부분의 $\dfrac{3}{4}$ 을 사용하고 남은 나머지의 양 구하기

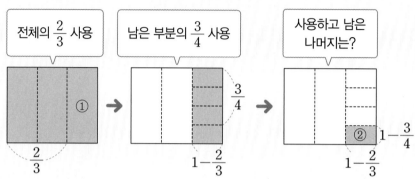

① 전체의 $\dfrac{2}{3}$ 를 사용하고 남은 양: 전체의 $\left(1-\dfrac{2}{3}\right)$

② ①의 $\dfrac{3}{4}$ 을 사용하고 남은 나머지의 양: 전체의 ① $\times\left(1-\dfrac{3}{4}\right)$

➡ 전체의 $\left(1-\dfrac{2}{3}\right)\times\left(1-\dfrac{3}{4}\right)$

대표 유형 08

승윤이는 피자 한 판의 $\dfrac{3}{8}$ 을 먹었고, 동생은 승윤이가 먹고 남은 피자의 $\dfrac{2}{5}$ 를 먹었습니다. 두 사람이 먹고 남은 피자는 전체의 몇 분의 몇인지 구하세요.

풀이

❶ 승윤이가 먹고 남은 피자의 양: 전체의 $1-\dfrac{\square}{8}=\dfrac{\square}{8}$

❷ 두 사람이 먹고 남은 피자의 양: 전체의 $\dfrac{\square}{8}\times\left(1-\dfrac{2}{5}\right)=\dfrac{\square}{8}\times\dfrac{\square}{5}=\dfrac{\square}{8}$

답 _____

예제 서우네 학교 전체 학생의 $\dfrac{3}{5}$ 은 남학생이고, 여학생의 $\dfrac{1}{4}$ 이 안경을 낀다고 합니다. 안경을 끼지 않은 여학생은 서우네 학교 전체 학생의 몇 분의 몇인지 구하세요.

(   )

08-1
변형
지민이는 색종이를 60장 가지고 있습니다. 가지고 있는 색종이의 $\frac{1}{4}$은 동생에게 주고, 남은 색종이의 $\frac{2}{9}$는 친구에게 주었습니다. 친구에게 준 색종이는 몇 장일까요?

(   )

08-2
변형
전체가 150쪽인 역사책이 있습니다. 연우는 이 역사책을 어제는 전체의 $\frac{1}{3}$을 읽었고, 오늘은 나머지의 $\frac{3}{10}$을 읽었습니다. 연우가 이 역사책을 다 읽으려면 몇 쪽을 더 읽어야 할까요?

(   )

08-3
변형
백호네 반 학생 30명이 좋아하는 과일을 조사하였더니 전체의 $\frac{3}{5}$은 귤, 나머지의 $\frac{1}{2}$은 딸기, 그 나머지의 $\frac{1}{3}$은 사과를 좋아했습니다. 사과를 좋아하는 학생은 몇 명일까요?

(   )

08-4
발전
태성이는 가지고 있는 철사의 $\frac{3}{4}$은 미술 시간에 사용하고, 나머지의 $\frac{1}{2}$은 과학 시간에 사용하였습니다. 남은 철사의 길이가 15 cm일 때, 태성이가 처음에 가지고 있던 철사는 몇 cm일까요?

(   )

01  대표 유형 **01**

□ 안에 들어갈 수 있는 자연수 중에서 가장 큰 수를 구하세요.

$$\frac{1}{8} \times \frac{1}{\square} > \frac{1}{7} \times \frac{1}{6}$$

Tip
단위분수의 크기 비교:
분모가 작을수록 큽니다.

풀이

답 _____

02 대표 유형 **06**

기약분수인 세 분수의 곱셈을 적은 종이의 일부분이 찢어져서 보이지 않습니다. 보이지 않는 부분의 분수를 구하세요.

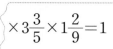
$$\times 3\frac{3}{5} \times 1\frac{2}{9} = 1$$

Tip
분수의 분모와 분자를 바꾸어
곱하면 1이 됩니다.
→ $\frac{\blacktriangle}{\blacksquare} \times \frac{\blacksquare}{\blacktriangle} = 1$

풀이

답 _____

03 대표 유형 **03**

6장의 수 카드를 한 번씩만 사용하여 3개의 진분수를 만들어 곱하려고 합니다. 계산 결과가 가장 작을 때의 곱을 구하세요.

$$\boxed{1} \quad \boxed{3} \quad \boxed{4} \quad \boxed{6} \quad \boxed{7} \quad \boxed{8}$$

풀이

답 _____

04 떨어진 높이의 $\dfrac{2}{3}$만큼 튀어 오르는 공이 있습니다. 이 공을 $45\,\text{m}$ 높이에서 떨어뜨렸을 때, 두 번째로 튀어 오른 공의 높이는 몇 m일까요?

풀이

답 _____

05 수직선에서 4와 25 사이를 9등분 하였습니다. ㉠에 알맞은 수를 대분수로 나타내 보세요.

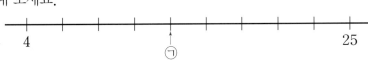

Tip
㉠=4+(4와 ㉠ 사이의 거리)

풀이

답 _____

2

분수의 곱셈

06 은서는 6000원을 가지고 있습니다. 은서는 가지고 있던 돈의 $\dfrac{1}{4}$로 공책을 사고, 나머지의 $\dfrac{2}{9}$로 자를 샀습니다. 남은 돈은 얼마일까요?

Tip
전체의 $\dfrac{\triangle}{\blacksquare}$를 제외한 나머지

→ 전체의 $\left(1-\dfrac{\triangle}{\blacksquare}\right)$

풀이

답 _____

🎯 대표 유형 **04**

07 가로가 20 cm, 세로가 15 cm인 직사각형의 가로를 $\frac{1}{5}$만큼 늘이고, 세로를 $\frac{1}{5}$만큼 줄여서 직사각형을 새로 만들었습니다. 새로 만든 직사각형의 넓이는 몇 cm²일까요?

Tip 📑

■의 $\frac{1}{3}$만큼 늘였을 때 길이:

$■+\left(■의 \frac{1}{3}\right)$

■의 $\frac{1}{3}$만큼 줄였을 때 길이:

$■-\left(■의 \frac{1}{3}\right)$

풀이

답 _____

🎯 대표 유형 **02**

08 1분에 각각 $1\frac{1}{4}$ km, $1\frac{2}{5}$ km의 빠르기로 달리는 두 자동차가 있습니다. 두 자동차가 각각 일정한 빠르기로 동시에 같은 장소에서 출발하여 같은 방향으로 10분 40초 동안 달렸을 때, 두 자동차 사이의 거리는 몇 km일까요?

Tip 📑

두 자동차가 같은 방향으로 달린 경우

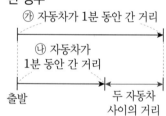

풀이

답 _____

🎯 대표 유형 **08**

09 주머니에 들어 있는 전체 구슬의 $\frac{3}{5}$은 빨간색 구슬이고, 나머지의 $\frac{1}{2}$은 파란색 구슬입니다. 빨간색과 파란색 구슬을 뺀 나머지 구슬이 8개일 때, 주머니에 들어 있는 전체 구슬은 모두 몇 개일까요?

풀이

답 _____

🎯 대표 유형 **07**

10 떨어진 높이의 $\frac{3}{4}$만큼 튀어 오르는 공이 있습니다. 이 공을 12 m 높이에서 떨어뜨렸을 때, 공이 두 번째로 튀어 올랐을 때까지 움직인 전체 거리는 몇 m일까요? (단, 공은 땅과 수직으로만 움직입니다.)

풀이

답 _____

🎯 대표 유형 **06**

11 두 식의 계산 결과는 모두 자연수입니다. ◯ 안에 공통으로 들어갈 수 있는 가장 작은 기약분수를 대분수로 나타내 보세요.

$$1\frac{2}{3}\times\bigcirc \qquad 2\frac{2}{9}\times\bigcirc$$

풀이

Tip 🔼
분수의 곱이 자연수가 되려면 분모가 모두 약분되어 1이 되어야 합니다.

답 _____

🎯 대표 유형 **02**

12 어떤 일을 규현이가 혼자서 하면 4시간이 걸리고, 승아가 혼자서 하면 5시간이 걸립니다. 이 일을 두 사람이 함께 1시간 20분 동안 했다면 남은 일의 양은 전체의 몇 분의 몇인지 구하세요.

　　　　(단, 두 사람이 1시간 동안 하는 일의 양은 각각 일정합니다.)

풀이

Tip 🔼
어떤 일을 끝내는 데 ■시간이 걸릴 때 1시간 동안 하는 일의 양: $\frac{1}{■}$

답 _____

2

분수의 곱셈

3

합동과 대칭

유형 변형　대표 유형

01 선대칭도형이 완전히 겹치도록 대칭축을 그려 보자.
대칭축의 개수 구하기

02 서로 합동인 도형에서 각각의 대응변의 길이가 서로 같다.
서로 합동인 도형에서 변의 길이 구하기

03 서로 합동인 도형에서 각각의 대응각의 크기가 서로 같다.
서로 합동인 도형에서 각도 구하기

04 선대칭도형에서 각각의 대응각의 크기가 서로 같다.
선대칭도형에서 각도 구하기

05 점대칭도형의 각각의 대응점에서 대칭의 중심까지의 거리가 서로 같다.
점대칭도형의 둘레 구하기

06 점대칭도형의 넓이는 주어진 도형의 넓이의 2배이다.
점대칭도형을 완성하고, 넓이 구하기

07 대칭축에 따라 완성한 선대칭도형은 달라질 수 있다.
완성한 선대칭도형의 둘레 구하기

08 겹쳐진 두 도형이 서로 합동이면 공통 부분을 뺀 나머지 도형끼리도 서로 합동이다.
종이를 접은 모양에서 넓이 구하기

09 천, 백의 자리 숫자를 정하고 점대칭이 되도록 일, 십의 자리 숫자를 쓰자.
점대칭이 되는 수 만들기

활용 개념 합동

◑ **합동**: 모양과 크기가 같아서 포개었을 때 완전히 겹치는 두 도형

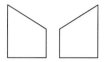

◑ **합동인 도형의 성질**

• 대응점, 대응변, 대응각

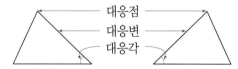

서로 합동인 두 도형을 포개었을 때
① 대응점: 겹치는 점
② 대응변: 겹치는 변
③ 대응각: 겹치는 각

• 합동인 도형의 성질
① 각각의 대응변의 길이가 서로 같습니다.
② 각각의 대응각의 크기가 서로 같습니다.

---

01 오른쪽 정육각형을 점선을 따라 잘랐을 때 잘린 도형이 서로 합동인 것끼리 짝지어 보세요.

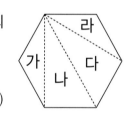

(   )

02 정사각형 모양의 종이에 2개의 선을 그어 서로 합동인 도형 4개를 만들어 보세요.

03 삼각형 ㄱㄴㄷ과 삼각형 ㄹㄷㄴ은 서로 합동입니다. 변 ㄱㄴ의 대응변과 각 ㄹㄴㄷ의 대응각을 각각 써 보세요.

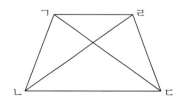

변 ㄱㄴ의 대응변 (   )
각 ㄹㄴㄷ의 대응각 (   )

04 두 사각형은 서로 합동입니다. ☐ 안에 알맞은 수를 써넣으세요.

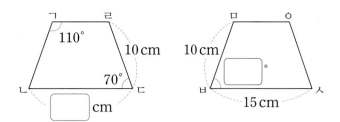

05 두 삼각형은 서로 합동입니다. 삼각형 ㄱㄴㄷ의 둘레는 몇 cm일까요?

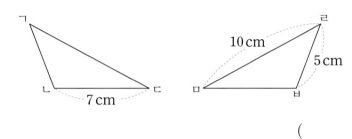

( )

활용 개념 1 ## 둘레나 넓이가 같은 두 도형의 관계

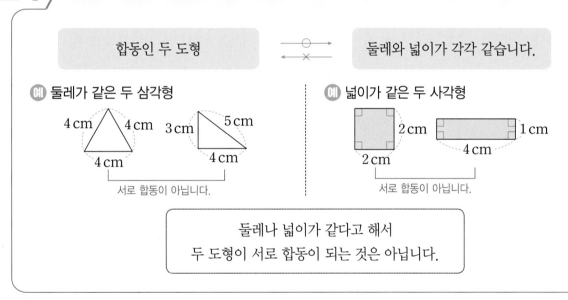

둘레나 넓이가 같다고 해서
두 도형이 서로 합동이 되는 것은 아닙니다.

06 두 도형이 항상 서로 합동이 <u>아닌</u> 것을 찾아 기호를 써 보세요.

> ㉠ 지름이 같은 두 원
> ㉡ 둘레가 같은 두 삼각형
> ㉢ 넓이가 같은 두 정사각형
> ㉣ 한 변의 길이가 같은 두 정육각형

( )

 선대칭도형

 교과서 개념

● 선대칭도형: 한 직선을 따라 접었을 때 완전히 겹치는 도형

● 대칭축: 선대칭도형에서 도형이 완전히 겹치도록 접은 직선

 대칭축

● 선대칭도형의 성질

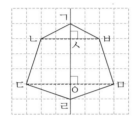

① 각각의 대응변의 길이가 서로 같습니다.
(변 ㄱㄴ)=(변 ㄱㅂ), (변 ㄴㄷ)=(변 ㅂㅁ), (변 ㄷㄹ)=(변 ㅁㄹ)
② 각각의 대응각의 크기가 서로 같습니다.
(각 ㄱㄴㄷ)=(각 ㄱㅂㅁ), (각 ㄴㄷㄹ)=(각 ㅂㅁㄹ)

● 선대칭도형의 대응점끼리 이은 선분과 대칭축 사이의 관계

① 대응점끼리 이은 선분은 대칭축과 수직으로 만납니다.
② 대칭축은 대응점끼리 이은 선분을 둘로 똑같이 나누므로 각각의 대응점에서 대칭축까지의 거리가 서로 같습니다.
(선분 ㄴㅅ)=(선분 ㅂㅅ), (선분 ㄷㅇ)=(선분 ㅁㅇ)

01 선대칭도형을 찾아 대칭축을 모두 그려 보세요.

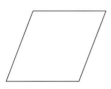  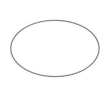

02 직선 ㅅㅇ을 대칭축으로 하는 선대칭도형입니다. ☐ 안에 알맞은 수를 써넣으세요.

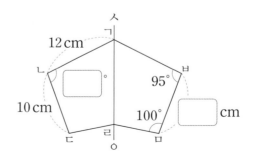

>> 정답 및 풀이 **20**쪽

03 오른쪽은 직선 ㅊㅋ을 대칭축으로 하는 선대칭도형입니다. 선분 ㄴㅈ의 길이는 몇 cm일까요?

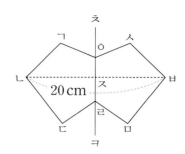

(   )

04 오른쪽은 직선 ㅅㅇ을 대칭축으로 하는 선대칭도형입니다. 이 선대칭도형의 둘레는 몇 cm일까요?

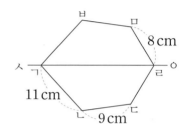

(   )

3

합동과 대칭

활용 개념 **1** ▷ 선대칭도형 그리기

① 대칭축을 중심으로 각 점의 대응점을 찾아 표시하기

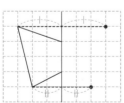

→

② 대응점을 차례대로 이어 선대칭도형 완성하기

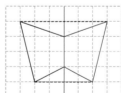

05 직선 ㄱㄴ을 대칭축으로 하는 선대칭도형을 완성해 보세요.

(1)

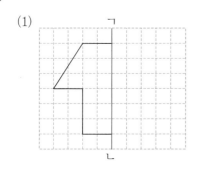

(2)

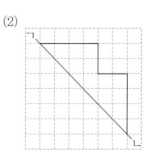

점대칭도형

● **점대칭도형**: 한 도형을 어떤 점을 중심으로 180° 돌렸을 때 처음 도형과 완전히 겹치는 도형

● **대칭의 중심**: 점대칭도형에서 도형이 완전히 겹치도록 180° 돌렸을 때 중심이 되는 점

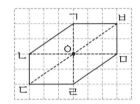

대칭의 중심

● **점대칭도형의 성질**

① 각각의 대응변의 길이가 서로 같습니다.

(변 ㄱㄴ)=(변 ㄹㅁ), (변 ㄴㄷ)=(변 ㅁㅂ), (변 ㄷㄹ)=(변 ㅂㄱ)

② 각각의 대응각의 크기가 서로 같습니다.

(각 ㄱㄴㄷ)=(각 ㄹㅁㅂ), (각 ㄴㄷㄹ)=(각 ㅁㅂㄱ)

● **점대칭도형의 대응점끼리 이은 선분과 대칭의 중심 사이의 관계**

대칭의 중심은 대응점끼리 이은 선분을 둘로 똑같이 나누므로 각각의 대응점에서 대칭의 중심까지의 거리가 서로 같습니다.

(선분 ㄱㅇ)=(선분 ㄹㅇ), (선분 ㄴㅇ)=(선분 ㅁㅇ), (선분 ㄷㅇ)=(선분 ㅂㅇ)

01 도형은 점대칭도형입니다. 대칭의 중심을 찾아 표시해 보세요.

(1)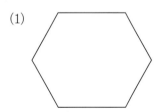

(2)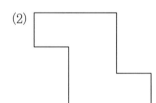

02 점 ㅇ을 대칭의 중심으로 하는 점대칭도형입니다. ☐ 안에 알맞은 수를 써넣으세요.

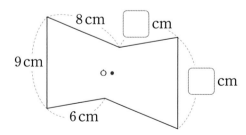

>> 정답 및 풀이 **20**쪽

03 오른쪽은 점 ㅇ을 대칭의 중심으로 하는 점대칭도형입니다.
각 ㄹㅁㅂ의 크기는 몇 도일까요?

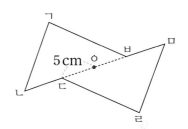

( )

04 오른쪽은 점 ㅇ을 대칭의 중심으로 하는 점대칭도형입니다.
선분 ㄴㅁ의 길이가 22 cm일 때, 변 ㅁㅂ의 길이는 몇 cm일
까요?

( )

3

합동과 대칭

활용 개념 **1** **점대칭도형 그리기**

① 각 점에서 대칭의 중심까지의 거리가 같도록
대응점을 찾아 표시하기

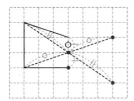

→

② 대응점을 차례대로 이어 점대칭도형 완성
하기

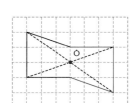

---

05 점 ㅇ을 대칭의 중심으로 하는 점대칭도형을 완성해 보세요.

(1)

(2)

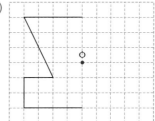

선대칭도형이 완전히 겹치도록 대칭축을 그려 보자.

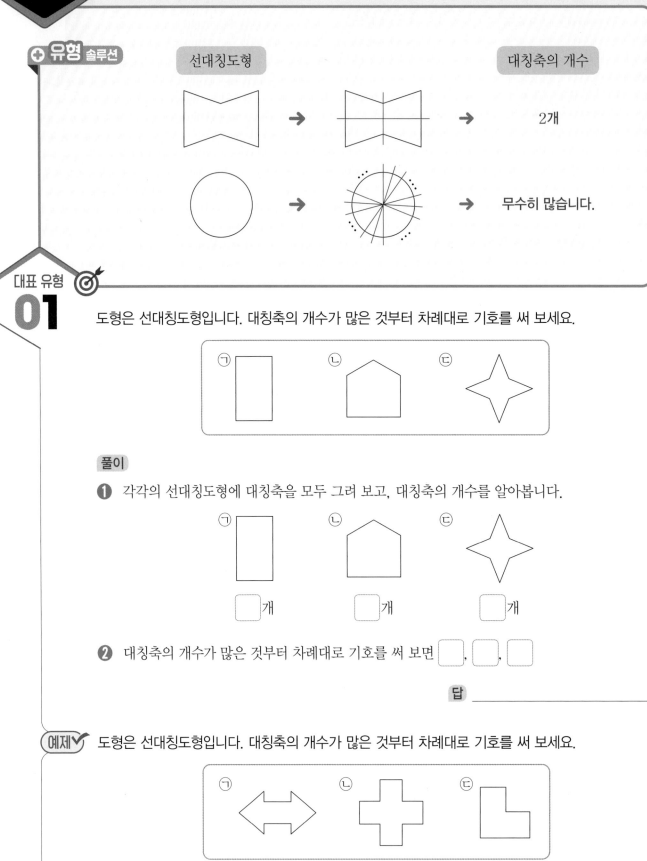

유형 솔루션

선대칭도형		대칭축의 개수
→	→	2개
→	→	무수히 많습니다.

대표 유형
01

도형은 선대칭도형입니다. 대칭축의 개수가 많은 것부터 차례대로 기호를 써 보세요.

ㄱ   ㄴ   ㄷ

풀이

❶ 각각의 선대칭도형에 대칭축을 모두 그려 보고, 대칭축의 개수를 알아봅니다.

ㄱ   ㄴ   ㄷ

◻개   ◻개   ◻개

❷ 대칭축의 개수가 많은 것부터 차례대로 기호를 써 보면 ◻, ◻, ◻

답 _____

예제 도형은 선대칭도형입니다. 대칭축의 개수가 많은 것부터 차례대로 기호를 써 보세요.

ㄱ   ㄴ   ㄷ

(　　　　　　)

>> 정답 및 풀이 **21**쪽

01-1
변형

도형은 정사각형과 정오각형입니다. 두 도형의 대칭축의 개수의 합은 몇 개일까요?

 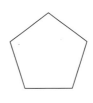

(   )

01-2
변형

도형은 정삼각형과 정육각형입니다. 두 도형의 대칭축의 개수의 차는 몇 개일까요?

(   )

01-3
발전

선대칭도형 가와 나의 대칭축의 개수의 차는 몇 개일까요?

가 　　　나

(   )

서로 합동인 도형에서 각각의 대응변의 길이가 서로 같다.

⊕ 유형 솔루션

• 삼각형 ㄱㄴㄷ과 삼각형 ㄹㅁㄷ은 서로 합동일 때, 변 ㄴㄷ의 길이 구하기

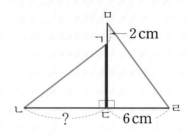

① (변 ㄱㄷ)=(변 ㄹㄷ)=6 cm
② (변 ㄴㄷ)=(변 ㅁㄷ)=(선분 ㅁㄱ)+(변 ㄱㄷ)
  =2+6=8 (cm)

대표 유형 02

오른쪽 그림에서 삼각형 ㄱㄴㄷ과 삼각형 ㄹㅁㄷ은 서로 합동입니다. 변 ㄹㄷ의 길이는 몇 cm일까요?

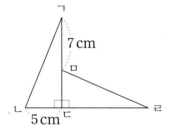

풀이

❶ 서로 합동인 두 삼각형에서 각각의 대응변의 길이가 서로 같으므로

(변 ㅁㄷ)=(변 ㄴㄷ)=☐ cm

❷ (변 ㄹㄷ)=(변 ㄱㄷ)=(선분 ㄱㅁ)+(변 ㅁㄷ)
  =7+☐=☐ (cm)

답 _____

예제 ✔ 오른쪽 그림에서 삼각형 ㄱㄴㄷ과 삼각형 ㅁㄹㄷ은 서로 합동입니다. 변 ㄷㄹ의 길이는 몇 cm일까요?

(_____)

>> 정답 및 풀이 **22**쪽

02-1 다음은 서로 합동인 직각삼각형 2개를 겹치지 않게 붙여 놓은 도형입니다. 이 도형 전체의
변형 둘레는 몇 cm일까요?

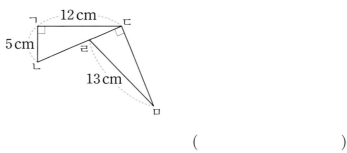

(   )

02-2 삼각형 ㄱㄴㄷ과 삼각형 ㅁㄷㄹ은 서로 합동입니다. 삼각형 ㄱㄴㄷ의 둘레는 몇 cm일
변형 까요?

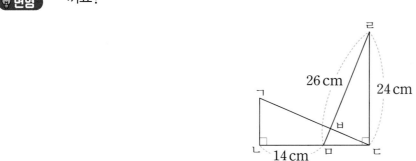

(   )

02-3 삼각형 ㄱㄴㄷ과 삼각형 ㄱㄹㅁ은 서로 합동입니다. 삼각형 ㄱㄴㄷ의 둘레가 56 cm일 때,
발전 선분 ㄹㄷ의 길이는 몇 cm일까요?

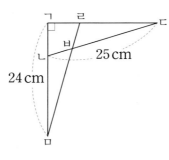

(   )

서로 합동인 도형에서 각각의 대응각의 크기가 서로 같다.

➕ 유형 솔루션

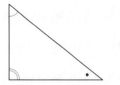  →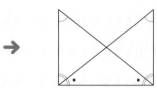

대표 유형
03

삼각형 ㄱㄴㄷ과 삼각형 ㄹㄷㄴ은 서로 합동입니다. 각 ㄹㅁㄷ의 크기는 몇 도일까요?

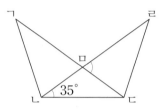

풀이

❶ 서로 합동인 두 삼각형에서 각각의 대응각의 크기가 서로 같으므로

(각 ㄴㄷㄱ)=(각 ㄷㄴㄹ)=□°

❷ 삼각형 ㅁㄴㄷ에서 (각 ㄷㅁㄴ)=180°−□°−□°=□°

❸ 한 직선이 이루는 각의 크기는 180°이므로

(각 ㄹㅁㄷ)=180°−(각 ㄷㅁㄴ)

=180°−□°=□°

답 _____

예제 ✔ 삼각형 ㄱㄴㄷ과 삼각형 ㄹㄷㄴ은 서로 합동입니다. 각 ㄹㅁㄷ의 크기는 몇 도일까요?

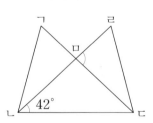

(   )

>> 정답 및 풀이 22~23쪽

03-1
변형

삼각형 ㄱㄴㄷ과 삼각형 ㄹㄴㅁ은 서로 합동입니다. 각 ㄷㅂㅁ의 크기는 몇 도일까요?

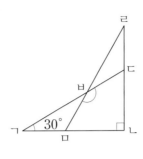

(   )

03-2
변형

삼각형 ㄱㄴㄷ과 삼각형 ㄹㄷㄴ은 서로 합동입니다. 각 ㄱㄴㄷ의 크기는 몇 도일까요?

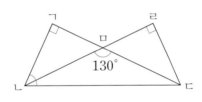

(   )

03-3
발전

사다리꼴 ㄱㄴㄹㅁ에서 삼각형 ㄱㄴㄷ과 삼각형 ㄷㄹㅁ은 서로 합동입니다. 각 ㄱㅁㄷ의 크기는 몇 도일까요?

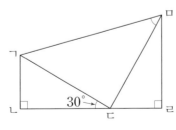

(   )

선대칭도형에서 각각의 대응각의 크기가 서로 같다.

선대칭도형	대칭축을 중심으로 접으면 완전히 겹쳐요.	각각의 대응각의 크기가 서로 같아요.
	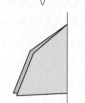	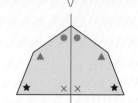

대표 유형 04

오른쪽은 직선 ㅅㅇ을 대칭축으로 하는 선대칭도형입니다. 각 ㄱㄴㄷ의 크기는 몇 도일까요?

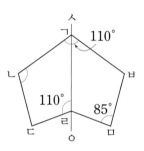

풀이

❶ 선대칭도형은 대칭축에 의해 도형이 둘로 똑같이 나누어지므로

(각 ㄹㄱㄴ)＝(각 ㅂㄱㄴ)÷2＝110°÷2＝ ☐ °

❷ (각 ㄴㄷㄹ)＝(각 ㅂㅁㄹ)＝ ☐ °

❸ (각 ㄱㄴㄷ)＝360°－(각 ㄹㄱㄴ)－(각 ㄴㄷㄹ)－(각 ㄷㄹㄱ)

＝360°－ ☐ °－ ☐ °－110°＝ ☐ °

답 ＿＿＿＿＿＿＿

예제 오른쪽은 직선 ㅅㅇ을 대칭축으로 하는 선대칭도형입니다. 각 ㅂㄱㄴ의 크기는 몇 도일까요?

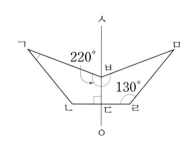

(   )

>> 정답 및 풀이 **23~24**쪽

04-1
변형

직선 ㅁㅂ을 대칭축으로 하는 선대칭도형입니다. 각 ㄹㄱㄴ의 크기는 몇 도일까요?

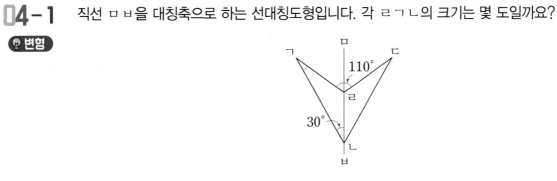

(   )

04-2
변형

직선 ㅁㅂ을 대칭축으로 하는 선대칭도형입니다. 각 ㄱㄷㄹ의 크기는 몇 도일까요?

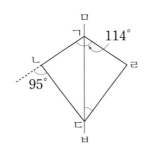

(   )

04-3
발전

직선 ㅅㅇ을 대칭축으로 하는 선대칭도형입니다. 각 ㉠의 크기는 몇 도일까요?

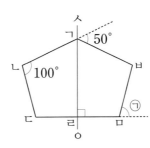

(   )

3

합동과 대칭

점대칭도형의 각각의 대응점에서 대칭의 중심까지의 거리가 서로 같다.

➕ 유형 솔루션

• 점 ㅇ을 대칭의 중심으로 하는 점대칭도형일 때, 점대칭도형의 둘레 구하기

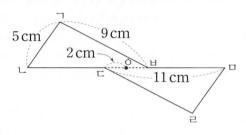

① (선분 ㅂㅇ)=(선분 ㄷㅇ)=2 cm이므로
　(변 ㅁㅂ)=11−2−2=7 (cm)
② (점대칭도형의 둘레)=(5+9+7)×2=42 (cm)

대표 유형
05

오른쪽은 점 ㅇ을 대칭의 중심으로 하는 점대칭도형입니다.
이 점대칭도형의 둘레는 몇 cm일까요?

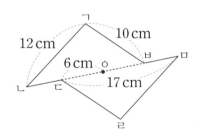

풀이

❶ 각각의 대응점에서 대칭의 중심까지의 거리가 서로 같습니다.

(선분 ㅂㅇ)=(선분 ㄷㅇ)=□ cm이므로

(변 ㅁㅂ)=17−6−6=□ (cm)

❷ (점대칭도형의 둘레)=(12+10+□)×2=□ (cm)

답 _____

예제 ✔ 오른쪽은 점 ㅇ을 대칭의 중심으로 하는 점대칭도형입니다.
이 점대칭도형의 둘레는 몇 cm일까요?

(　　　　　　　　　　　　)

05-1
(변형)

점 ㅈ을 대칭의 중심으로 하는 점대칭도형입니다. 이 점대칭도형의 둘레는 몇 cm일까요?

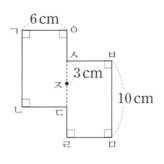

(   )

05-2
(변형)

점 ㅈ을 대칭의 중심으로 하고, 정사각형 2개로 이루어진 점대칭도형입니다. 이 점대칭도형의 둘레는 몇 cm일까요?

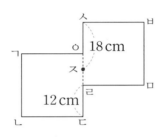

(   )

05-3
(발전)

점 ㅈ을 대칭의 중심으로 하는 점대칭도형입니다. 이 점대칭도형의 둘레가 58 cm일 때, 선분 ㄴㅈ의 길이는 몇 cm일까요?

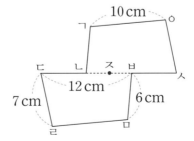

(   )

유형 변형

점대칭도형의 넓이는 주어진 도형의 넓이의 2배이다.

⊕ 유형 솔루션

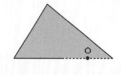 →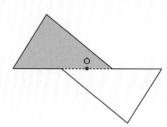

(완성한 점대칭도형의 넓이)=(주어진 도형의 넓이)×2

대표 유형 06

점 ㅇ을 대칭의 중심으로 하는 점대칭도형을 완성하고, 완성한 점대칭도형의 넓이는 몇 cm²인지 구하세요.

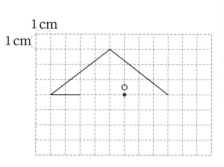

풀이

❶ 위 그림에서 점 ㅇ을 대칭의 중심으로 하는 점대칭도형을 완성합니다.

➡ 완성한 점대칭도형의 넓이는 밑변의 길이가 ▢ cm, 높이가 3 cm인 삼각형의 넓이의 2배와 같습니다.

❷ (완성한 점대칭도형의 넓이)=(▢×3÷2)×2=▢ (cm²)

답 _____

예제✔ 점 ㅇ을 대칭의 중심으로 하는 점대칭도형을 완성하고, 완성한 점대칭도형의 넓이는 몇 cm²인지 구하세요.

(   )

>> 정답 및 풀이 **25~26**쪽

06-1
변형

점 ○을 대칭의 중심으로 하는 점대칭도형을 완성하고, 완성한 점대칭도형의 넓이는 몇 cm² 인지 구하세요.

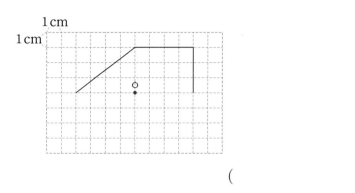

(   )

06-2
변형

점 ○을 대칭의 중심으로 하는 점대칭도형을 완성하고, 완성한 점대칭도형의 넓이는 몇 cm² 인지 구하세요.

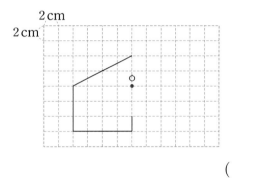

(   )

06-3
발전

점 ○을 대칭의 중심으로 하는 점대칭도형을 완성하였더니 완성한 점대칭도형의 넓이가 360 cm²였습니다. 모눈 한 칸의 한 변의 길이는 몇 cm인지 구하세요.

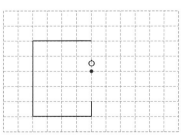

(   )

대칭축에 따라 완성한 선대칭도형은 달라질 수 있다.

유형 솔루션

①  →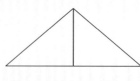

② 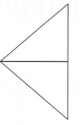 →

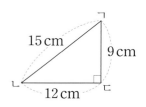

대표 유형
07

변 ㄱㄷ과 변 ㄴㄷ을 각각 대칭축으로 하는 선대칭도형을 완성할 때,
완성한 선대칭도형의 둘레를 각각 구하세요.

풀이

❶ 변 ㄱㄷ을 대칭축으로 하는 선대칭도형을 완성하고, 완성한 선대칭도형의 둘레를 구합니다.

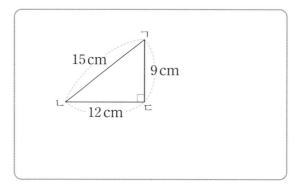

➔ (완성한 선대칭도형의 둘레)

$= (15 + \boxed{}) \times 2$

$= \boxed{} \text{(cm)}$

❷ 변 ㄴㄷ을 대칭축으로 하는 선대칭도형을 완성하고, 완성한 선대칭도형의 둘레를 구합니다.

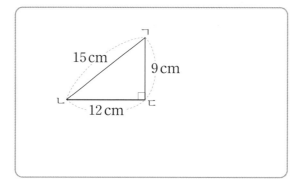

➔ (완성한 선대칭도형의 둘레)

$= (15 + \boxed{}) \times 2$

$= \boxed{} \text{(cm)}$

답 대칭축이 변 ㄱㄷ일 때 _____

대칭축이 변 ㄴㄷ일 때 _____

>> 정답 및 풀이 **26~27**쪽

예제 변 ㄱㄴ과 변 ㄴㄷ을 각각 대칭축으로 하는 선대칭도형을 완성할 때, 완성한 선대칭도형의 둘레를 각각 구하세요.

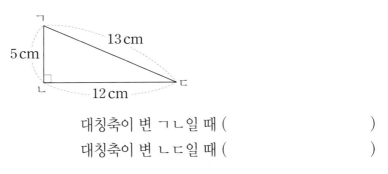

대칭축이 변 ㄱㄴ일 때 (   )

대칭축이 변 ㄴㄷ일 때 (   )

07-1
변형
변 ㄱㄴ과 변 ㄴㄷ을 각각 대칭축으로 하는 선대칭도형을 완성할 때, 완성한 선대칭도형의 둘레를 각각 구하세요.

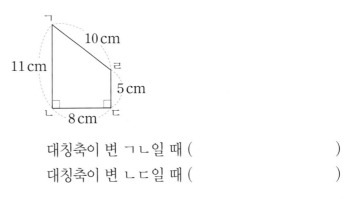

대칭축이 변 ㄱㄴ일 때 (   )

대칭축이 변 ㄴㄷ일 때 (   )

07-2
발전
오른쪽 사각형의 한 변을 대칭축으로 하는 선대칭도형을 만들었습니다. 만든 선대칭도형의 둘레가 가장 짧은 때의 둘레를 구하세요.

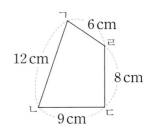

(   )

3

합동과 대칭

겹쳐진 두 도형이 서로 합동이면 공통 부분을 뺀 나머지 도형끼리도 서로 합동이다.

⊕ 유형 솔루션

대각선으로
나누어진
두 삼각형은
서로 합동이에요.

접은 모양 ㉮와
접기 전 모양 ㉯는
서로 합동이에요.

겹쳐진 두 도형이 서로
합동이면 공통인 부분을 뺀
나머지 두 도형(㉠과 ㉡)
끼리도 서로 합동이에요.

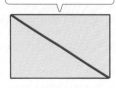 → 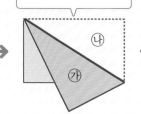 →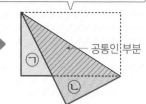
공통인 부분

대표 유형
08

오른쪽 그림과 같이 직사각형 모양의 종이를 접었습니다. 직사각형 ㄱㄴㄷㄹ의 넓이는 몇 cm²일까요?

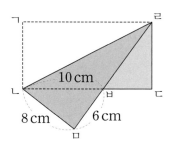
10 cm
8 cm   6 cm

풀이

❶ 삼각형 ㄴㅁㅂ과 삼각형 ㄹㄷㅂ은 서로 합동이므로 각각의 대응변의 길이가 서로 같습니다.

(변 ㄹㄷ)=(변 ㄴㅁ)=☐ cm,

(변 ㅂㄷ)=(변 ㅂㅁ)=☐ cm이므로 (변 ㄴㄷ)=10+☐=☐ (cm)

❷ (직사각형 ㄱㄴㄷㄹ의 넓이)=☐×8=☐ (cm²)

답 _____

예제✔ 오른쪽 그림과 같이 직사각형 모양의 종이를 접었습니다. 직사각형 ㄱㄴㄷㄹ의 넓이는 몇 cm²일까요?

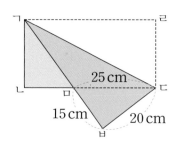
25 cm
15 cm   20 cm

(   )

>> 정답 및 풀이 **27~28**쪽

08-1
변형
직사각형 모양의 종이를 사각형 ㄱㄴㅇㅅ과 사각형 ㅂㅁㅈㅅ이 서로 합동이 되도록 접었습니다. 직사각형 ㄱㄴㄷㄹ의 넓이는 몇 cm²일까요?

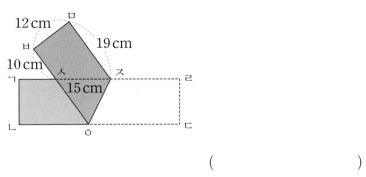

(   )

08-2
변형
직사각형 모양의 종이를 접었습니다. 삼각형 ㄱㄴㅁ의 넓이가 120 cm²일 때, 직사각형 ㄱㄴㄷㄹ의 넓이는 몇 cm²일까요?

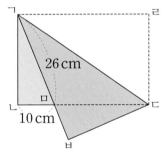

(   )

08-3
발전
직사각형 모양의 종이를 접었습니다. 직사각형 ㄱㄴㄷㄹ의 넓이가 288 cm²일 때, 선분 ㅂㄹ의 길이는 몇 cm일까요?

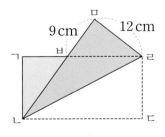

(   )

• 점대칭이 되는 가장 작은 네 자리 수 만들기 (단, 같은 숫자를 여러 번 사용할 수 있습니다.)

$$\boxed{0 \quad 6 \quad 8 \quad 9}$$

① 0을 제외한 가장 작은 수를 천의 자리에 쓰고 점대칭이 되도록 일의 자리에 숫자를 씁니다. → $\boxed{6 \quad \quad \quad 9}$

② 가장 작은 수를 백의 자리에 쓰고 점대칭이 되도록 십의 자리에 숫자를 씁니다.
→ $\boxed{6 \quad 0 \quad 0 \quad 9}$

대표 유형 09

6009는 점대칭이 되는 수입니다. 다음 숫자를 사용하여 점대칭이 되는 가장 작은 네 자리 수를 만들어 보세요. (단, 같은 숫자를 여러 번 사용할 수 있습니다.)

$$\boxed{0 \quad 2 \quad 3 \quad 6 \quad 9}$$

풀이

❶ 주어진 숫자 중 어떤 점을 중심으로 180° 돌렸을 때 숫자인 것: $\boxed{0}$, $\boxed{}$, $\boxed{}$, $\boxed{}$

❷ ❶의 숫자 중 0을 제외한 가장 작은 수를 천의 자리에 쓰고 점대칭이 되도록 일의 자리에 숫자를 씁니다. → $\boxed{ \quad \quad \quad }$

❸ ❶의 숫자 중 가장 작은 수를 백의 자리에 쓰고 점대칭이 되도록 십의 자리에 숫자를 써서 가장 작은 네 자리 수를 만듭니다. → $\boxed{ \quad \quad \quad }$

답 _____

예제 8558은 점대칭이 되는 수입니다. 다음 숫자를 사용하여 점대칭이 되는 가장 작은 네 자리 수를 만들어 보세요. (단, 같은 숫자를 2번까지 사용할 수 있습니다.)

$$\boxed{8 \quad 6 \quad 5 \quad 7 \quad 9}$$

(   )

09-1
변형

2112는 점대칭이 되는 수입니다. 다음 숫자를 사용하여 2112보다 작은 점대칭이 되는 네 자리 수를 만들려고 합니다. 만들 수 있는 수는 모두 몇 개일까요?

(단, 같은 숫자를 여러 번 사용할 수 있습니다.)

(   )

09-2
변형

8698은 점대칭이 되는 수입니다. 다음 숫자를 사용하여 8698보다 큰 점대칭이 되는 네 자리 수를 만들려고 합니다. 만들 수 있는 수는 모두 몇 개일까요?

(단, 같은 숫자를 여러 번 사용할 수 있습니다.)

(   )

3
합동과 대칭

09-3
발전

8008은 점대칭이 되는 수입니다. 다음 숫자를 사용하여 점대칭이 되는 네 자리 수를 만들려고 합니다. 만들 수 있는 수는 모두 몇 개일까요?

(단, 같은 숫자를 여러 번 사용할 수 있습니다.)

23057

(   )

01 대칭축의 개수가 가장 많은 선대칭도형을 찾아 기호를 써 보세요.

◎ 대표 유형 01

Tip

선대칭도형에서 대칭축의 개수
는 도형에 따라 다릅니다.

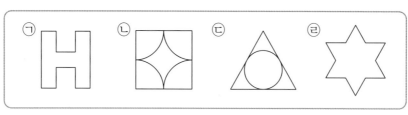

풀이

답 _____

02 오른쪽 그림에서 삼각형 ㄱㄴㄷ과 삼각형 ㅁㄹㄷ은 서로 합동입니다. 삼각형 ㄱㄴㄷ의 둘레는 몇 cm일까요?

◎ 대표 유형 02

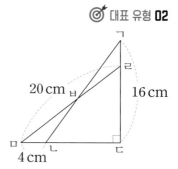

풀이

답 _____

03 점 ㅇ을 대칭의 중심으로 하는 점대칭도형을 완성하고, 완성한 점대칭도형의 넓이는 몇 cm²인지 구하세요.

◎ 대표 유형 06

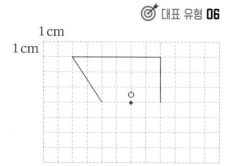

Tip

(완성한 점대칭도형의 넓이)
＝(주어진 도형의 넓이)×2

풀이

답 _____

04 오른쪽은 직선 ㅅㅇ을 대칭축으로 하는 선대칭도형
입니다. 각 ㅁㅂㄱ의 크기는 몇 도일까요?

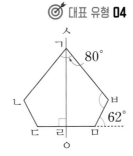

대표 유형 **04**

풀이

답 _____

05 변 ㄴㄷ과 변 ㄹㄷ을 각각 대칭축으로 하는
선대칭도형을 완성할 때, 완성한 선대칭
도형의 둘레를 각각 구하세요.

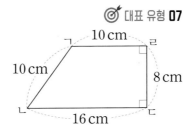

대표 유형 **07**

Tip
주어진 변을 대칭축으로 하는
선대칭도형을 각각 완성합니다.

3

합동과 대칭

풀이

답 대칭축이 변 ㄴㄷ일 때 _____

대칭축이 변 ㄹㄷ일 때 _____

06 오른쪽은 점 ㅇ을 대칭의 중심으로 하는 점대칭
도형의 일부분입니다. 완성한 점대칭도형의 둘레
가 60 cm일 때, 선분 ㅇㄷ의 길이는 몇 cm일
까요?

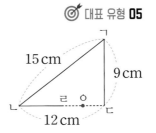

대표 유형 **05**

Tip
점대칭도형은 각각의 대응점
에서 대칭의 중심까지의 거리
가 서로 같습니다.

풀이

답 _____

07 오른쪽 그림과 같이 직사각형 모양의 종이를 접었습니다. 삼각형 ㄹㅂㄷ의 넓이가 150 cm²일 때, 직사각형 ㄱㄴㄷㄹ의 둘레는 몇 cm일까요?

대표 유형 **08**

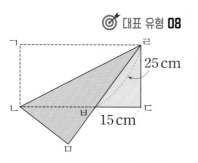

Tip

합동인 도형의 성질을 이용하여 변 ㄴㄷ의 길이를 구할 수 있습니다.

풀이

답 _____

08 오른쪽 그림과 같이 삼각형 ㄱㄴㄷ을 서로 합동인 삼각형 4개로 나누었습니다. 각 ㄴㅁㅂ의 크기는 몇 도일까요?

대표 유형 **03**

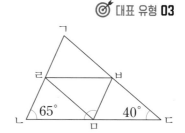

Tip

서로 합동인 도형에서 각각의 대응각의 크기가 서로 같습니다.

풀이

답 _____

09 오른쪽 그림에서 삼각형 ㄱㄴㄷ과 삼각형 ㄹㅁㄷ은 서로 합동입니다. 각 ㄷㄱㄴ의 크기는 몇 도일까요?

대표 유형 **03**

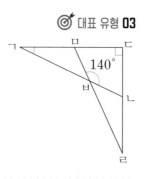

풀이

답 _____

10 🎯 대표 유형 **09**

8558은 점대칭이 되는 수입니다. 다음 숫자를 사용하여 **8558**보다 큰 점대칭이 되는 네 자리 수를 만들려고 합니다. 만들 수 있는 수는 모두 몇 개일까요? (단, 같은 숫자를 여러 번 사용할 수 있습니다.)

0 5 6 8 9

Tip

8558보다 큰 점대칭이 되는 네 자리 수를 만들 때 천, 백의 자리에 올 수 있는 숫자를 먼저 알아봅니다.

풀이

답 _____

11 🎯 대표 유형 **04**

삼각형 ㄱㄴㄹ은 선분 ㄱㄷ을 대칭축으로 하는 선대칭도형이고, 사각형 ㄱㄷㄹㅁ은 선분 ㄱㄹ을 대칭축으로 하는 선대칭도형입니다. 각 ㅁㄱㄹ의 크기는 몇 도일까요?

Tip

선대칭도형에서 각각의 대응각의 크기가 서로 같습니다.

풀이

답 _____

12 🎯 대표 유형 **04**

오른쪽은 직선 ㅁㅂ을 대칭축으로 하는 선대칭도형입니다. 이 도형의 넓이는 몇 cm^2일까요?

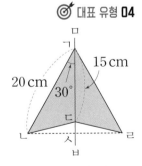

풀이

답 _____

4

소수의 곱셈

활용 개념

(소수)×(자연수), (자연수)×(소수)

📜 교과서 개념

● (소수)×(자연수)

방법1 분수의 곱셈으로 계산

· $0.8 \times 3 = \dfrac{8}{10} \times 3 = \dfrac{24}{10} = 2.4$

· $1.35 \times 8 = \dfrac{135}{100} \times 8 = \dfrac{1080}{100} = 10.8$

방법2 자연수의 곱셈으로 계산

· $0.8 \times 3 = 2.4$

  $\uparrow \frac{1}{10}$배 $\uparrow \frac{1}{10}$배

  $8 \times 3 = 24$

$$\begin{array}{r} 0.8 \\ \times\ \ \ 3 \\ \hline 2.4 \end{array}$$

· $1.35 \times 8 = 10.8$

  $\uparrow \frac{1}{100}$배 $\uparrow \frac{1}{100}$배

  $135 \times 8 = 1080$

$$\begin{array}{r} 1.35 \\ \times\ \ \ \ 8 \\ \hline 10.8\cancel{0} \end{array}$$

● (자연수)×(소수)

방법1 분수의 곱셈으로 계산

· $2 \times 0.6 = 2 \times \dfrac{6}{10} = \dfrac{12}{10} = 1.2$

· $2 \times 1.42 = 2 \times \dfrac{142}{100} = \dfrac{284}{100} = 2.84$

방법2 자연수의 곱셈으로 계산

· $2 \times 0.6 = 1.2$

  $\uparrow \frac{1}{10}$배 $\uparrow \frac{1}{10}$배

  $2 \times 6 = 12$

$$\begin{array}{r} 2 \\ \times\ 0.6 \\ \hline 1.2 \end{array}$$

· $2 \times 1.42 = 2.84$

  $\uparrow \frac{1}{100}$배 $\uparrow \frac{1}{100}$배

  $2 \times 142 = 284$

$$\begin{array}{r} 2 \\ \times\ 1.42 \\ \hline 2.84 \end{array}$$

---

01 계산해 보세요.

(1) 0.75×6

(2) 1.78×14

(3) 9×0.43

(4) 25×1.36

---

02 빈칸에 알맞은 수를 써넣으세요.

(1)

(2)

03 정다각형의 둘레는 몇 m일까요?

(1)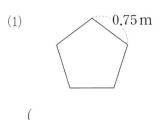

0.75 m

(   )

(2)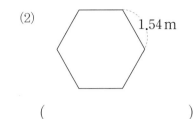

1.54 m

(   )

04 크기를 비교하여 ○ 안에 >, =, <를 알맞게 써넣으세요.

(1) 24×3.7 ◯ 80

(2) 1.38×16 ◯ 30

활용 개념 **1** 소수의 곱셈을 활용한 기본 문장제

예 굵기가 일정한 철근 1 m의 무게가 1.69 kg일 때 철근 4 m의 무게는

$$1.69 \times 4 = 6.76 \,(\text{kg})$$입니다.

05 준영이는 한 걸음에 0.63 m씩 걷습니다. 준영이가 다섯 걸음을 걸었을 때 이동한 거리는 몇 m일까요?

(   )

06 민성이는 매일 1.35 km씩 달리기를 합니다. 민성이가 6일 동안 달린 거리는 몇 km일까요?

(   )

4

소수의 곱셈

(소수)×(소수)

● (소수)×(소수)

방법1 분수의 곱셈으로 계산

$\cdot\ 0.7 \times 0.3 = \dfrac{7}{10} \times \dfrac{3}{10} = \dfrac{21}{100} = 0.21$

$\cdot\ 1.36 \times 4.5 = \dfrac{136}{100} \times \dfrac{45}{10} = \dfrac{6120}{1000} = 6.12$

방법2 자연수의 곱셈으로 계산

$\cdot\ 0.7 \times 0.3 = 0.21$

$\quad \uparrow \dfrac{1}{10}$배 $\quad \uparrow \dfrac{1}{10}$배 $\quad \uparrow \dfrac{1}{100}$배

$\quad 7 \ \times \ 3 \ = \ 21$

$$\begin{array}{r} 0.7 \\ \times\ 0.3 \\ \hline 0.2\,1 \end{array}$$

$\cdot\ 1.36 \times 4.5 = 6.12$

$\quad \uparrow \dfrac{1}{100}$배 $\quad \uparrow \dfrac{1}{10}$배 $\quad \uparrow \dfrac{1}{1000}$배

$\quad 136 \ \times \ 45 \ = \ 6120$

$$\begin{array}{r} 1.3\,6 \\ \times\quad 4.5 \\ \hline 6.1\,2\,\cancel{0} \end{array}$$

01 계산해 보세요.

(1) 0.9×0.4

(2) 0.52×1.9

(3) 1.6×2.7

(4) 4.36×1.7

02 평행사변형의 넓이는 몇 m^2일까요?

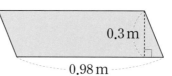

0.3 m

0.98 m

(   )

활용 개념 1 곱셈의 교환법칙 [중등 연계]

> 곱셈에서 두 수의 순서를 바꾸어 곱해도 계산 결과는 같습니다.
>
> $$■ × ● = ● × ■$$

예 $0.8 × 0.7 = 0.7 × 0.8$
$= 0.56$

03 가장 큰 수와 가장 작은 수의 곱을 구하세요.

| 1.5 | 6.43 | 2.7 | 5.8 |

(   )

활용 개념 2 세 수의 곱셈에서 곱셈의 결합법칙 [중등 연계]

> 세 수의 곱셈에서 어떤 두 수를 먼저 곱해도 계산 결과는 같습니다.
>
> $$(■ × ▲) × ● = ■ × (▲ × ●)$$

예 $(0.6 × 1.7) × 2.8 = 2.856$
$\underline{\quad}$
1.02
$\underline{\quad}$
2.856

$0.6 × (1.7 × 2.8) = 2.856$
$\underline{\quad}$
4.76
$\underline{\quad}$
2.856

04 ☐ 안에 알맞은 수를 써넣으세요.

(1) $1.5 × 0.9 × 3.3 = $ ☐

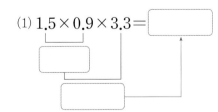

(2) $1.5 × 0.9 × 3.3 = $ ☐

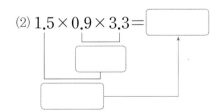

곱의 소수점의 위치

교과서 개념

◐ 소수에 10, 100, 1000을 곱하기

곱하는 수의 0의 수만큼 곱의 소수점이 오른쪽으로 이동합니다.

예 $3.456 \times 10 = 34.56$ 소수점이 오른쪽으로 1칸 이동

$3.456 \times 100 = 345.6$ 소수점이 오른쪽으로 2칸 이동

$3.456 \times 1000 = 3456$ 소수점이 오른쪽으로 3칸 이동

◐ 자연수에 0.1, 0.01, 0.001을 곱하기

곱하는 소수의 소수점 아래 자리 수만큼 곱의 소수점이 왼쪽으로 이동합니다.

예 $123 \times 0.1 = 12.3$ 소수점이 왼쪽으로 1칸 이동

$123 \times 0.01 = 1.23$ 소수점이 왼쪽으로 2칸 이동

$123 \times 0.001 = 0.123$ 소수점이 왼쪽으로 3칸 이동

---

01 ☐ 안에 알맞은 수를 써넣으세요.

(1) $650 \times 0.1 = $ ☐

$650 \times 0.01 = $ ☐

$650 \times 0.001 = $ ☐

(2) $0.245 \times 10 = $ ☐

$0.245 \times 100 = $ ☐

$0.245 \times 1000 = $ ☐

---

02 계산 결과가 <u>다른</u> 하나를 찾아 기호를 써 보세요.

㉠ 0.612×100

㉡ 6.12×10

㉢ 0.612×10

(   )

활용 개념 **1** **곱의 소수점의 위치 (1)**

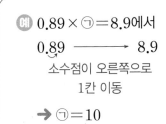

예 0.89×㉠=8.9에서

0.89 ⟶ 8.9

소수점이 오른쪽으로
1칸 이동

➡ ㉠=10

예 127×㉡=1.27에서

1.27 ⟶ 1.27

소수점이 왼쪽으로
2칸 이동

➡ ㉡=0.01

03 ▢ 안에 알맞은 수를 써넣으세요.

(1) 4.56× ▢ =456

(2) 0.456× ▢ =4.56

(3) ▢ ×8.2=0.82

(4) ▢ ×730=7.3

04 ▢ 안에 알맞은 수가 가장 작은 것을 찾아 기호를 써 보세요.

㉠ 540× ▢ =0.54   ㉡ ▢ ×789=7.89   ㉢ 0.34× ▢ =3.4

(   )

4

소수의 곱셈

활용 개념 **2** **곱의 소수점의 위치 (2)**

• **보기** 를 이용하여 곱셈식을 완성하기

보기

$\underline{35.4}$ × $\underline{2.6}$ = $\underline{92.04}$
소수   소수   소수
한 자리 수 한 자리 수 두 자리 수

예 35.4×26=920.4 ➡ (소수 **한** 자리 수)×(자연수)=(소수 **한** 자리 수)

3.54×2.6=9.204 ➡ (소수 **두** 자리 수)×(소수 **한** 자리 수)=(소수 **세** 자리 수)

05 **보기** 를 이용하여 곱셈식을 완성해 보세요.

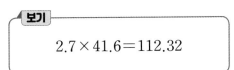

보기

2.7×41.6=112.32

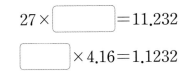

27× ▢ =11.232

▢ ×4.16=1.1232

유형변형

잘못 계산한 식을 쓰고 어떤 수를 먼저 구하자.

➕ 유형 솔루션

> 어떤 수에 2.6을 곱해야 하는데 잘못하여
> 어떤 수에서 2.6을 뺐더니 5.9가 되었습니다.
> 바르게 계산한 값을 구하세요.

문제해결순서 ❶ 잘못 계산한 식: 어떤 수를 ●라 하면 ●−2.6=5.9

❷ 어떤 수 구하기: ●−2.6=5.9

●=5.9+2.6

●=8.5

❸ 바르게 계산하기: 8.5×2.6=22.1

대표 유형

01

어떤 수에 3.5를 곱해야 할 것을 잘못하여 어떤 수에서 3.5를 뺐더니 7.3이 되었습니다. 바르게 계산한 값을 구하세요.

풀이

❶ 어떤 수를 ■라 하고 잘못 계산한 식을 씁니다.

$$■−3.5=\boxed{}$$

❷ ■−3.5=7.3에서 ■의 값을 구합니다.

$$■=7.3+\boxed{}$$

$$■=\boxed{}$$

❸ 바르게 계산하면 ■×3.5=$\boxed{}$×3.5

$$=\boxed{}$$

답 _____

예제✔ 어떤 수에 14를 곱해야 할 것을 잘못하여 어떤 수에 14를 더했더니 19.3이 되었습니다. 바르게 계산한 값을 구하세요.

( )

01-1
변형
어떤 수에 2.6을 곱해야 할 것을 잘못하여 어떤 수에서 2.6을 뺐더니 6.9가 되었습니다. 바르게 계산한 값은 얼마일까요?

(   )

01-2
변형
어떤 수에 4.9를 곱해야 할 것을 잘못하여 어떤 수에 4.9를 더했더니 18.6이 되었습니다. 바르게 계산한 값은 얼마일까요?

(   )

4

소수의 곱셈

01-3
변형
어떤 수에 28을 곱해야 할 것을 잘못하여 어떤 수에 28을 더했더니 37.1이 되었습니다. 바르게 계산한 값은 얼마일까요?

(   )

소수의 곱셈을 한 후 크기를 비교하자.

유형 솔루션

$$\underset{\underset{\textbf{11.2}}{\downarrow}}{1.6 \times 7} < \square < \underset{\underset{\textbf{16}}{\downarrow}}{5 \times 3.2}$$

→ $11.2 < \square < 16$이므로

$\square$ 안에 들어갈 수 있는 자연수는 12, 13, 14, 15

대표 유형 02

$\square$ 안에 들어갈 수 있는 자연수는 모두 몇 개일까요?

$$1.8 \times 9 < \boxed{} < 6 \times 3.7$$

풀이

❶ $1.8 \times 9 = \boxed{}$, $6 \times 3.7 = \boxed{}$입니다.

❷ $\square$ 안에 들어갈 수 있는 자연수는 $\boxed{}$부터 $\boxed{}$까지이므로

모두 $\boxed{}$개입니다.

답 _____

예제 $\square$ 안에 들어갈 수 있는 자연수는 모두 몇 개일까요?

$$2.3 \times 8 < \boxed{} < 7 \times 3.4$$

(   )

02-1

변형

☐ 안에 들어갈 수 있는 자연수를 모두 구하세요.

$$3.64 \times 7 < \boxed{} < 4.38 \times 7$$

( )

02-2

변형

☐ 안에 들어갈 수 있는 자연수 중에서 가장 큰 수와 가장 작은 수의 합을 구하세요.

$$4.52 \times 6 < \boxed{} < 7 \times 5.43$$

( )

4

소수의 곱셈

02-3

발전

☐ 안에 공통으로 들어갈 수 있는 자연수는 모두 몇 개일까요?

$$2.7 \times 2 < \boxed{} < 0.8 \times 19$$

$$12 \times 0.6 < \boxed{} < 6 \times 3.4$$

( )

약속에 따라 수를 넣어 식을 쓰고 계산하자.

유형 솔루션

가⊙나＝가×나라고 약속할 때 20⊙3.5의 값

↓

가 대신 20을, 나 대신 3.5를 넣어 식을 쓰고 계산하자.

↓

$$20⊙3.5=20×3.5$$
$$=70$$

대표 유형 03

가▣나를 다음과 같이 약속할 때, 0.6▣2.8의 값을 구하세요.

가▣나＝가×7＋나

풀이

❶ 가 대신 0.6을, 나 대신 [ ]을 넣어 식을 쓰고 계산합니다.

❷ $0.6▣2.8=0.6×7+$ [ ]

$=4.2+$ [ ]

$=$ [ ]

답 _____

예제✓ 가◆나를 다음과 같이 약속할 때, 8◆1.3의 값을 구하세요.

가◆나＝가×나＋5

( )

03-1 가 ◈ 나를 다음과 같이 약속할 때, 9 ◈ 12.3의 값을 구하세요.

변형

$$가 ◈ 나 = 가 × 나 + 나$$

(   )

03-2 가 ▲ 나를 다음과 같이 약속할 때, 6 ▲ 3.7의 값을 구하세요.

변형

$$가 ▲ 나 = 가 × (가 + 나)$$

(   )

4

소수의 곱셈

03-3 가 ♥ 나를 다음과 같이 약속할 때, 0.8 ♥ 13.4의 값을 구하세요.

변형

$$가 ♥ 나 = 7 × 가 + 나 × 0.5$$

(   )

03-4 가 ⊙ 나를 가 ⊙ 나 = 가 × 나 − 나로 약속할 때 (8 ⊙ 3.4) ⊙ 5는 얼마일까요?

발전

(   )

색 테이프 ●장을 겹치게 이어 붙이면 겹치는 부분은 (●−1)군데이다.

유형 솔루션

길이가 10.5 cm인 색 테이프 3장을 1 cm씩 겹치게 이어 붙이면

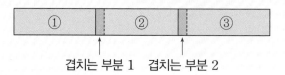

겹치는 부분 1   겹치는 부분 2

(참고)
색 테이프 3장을 겹치게 이어 붙이면 겹치는 부분은 2군데입니다.

(이어 붙인 색 테이프의 전체 길이)
$=(10.5 \times 3)-(1 \times 2)$
$=29.5 \text{(cm)}$

대표 유형 04

길이가 13.6 cm인 색 테이프 7장을 그림과 같이 2.1 cm씩 겹치게 이어 붙였습니다. 이어 붙인 색 테이프의 전체 길이는 몇 cm일까요?

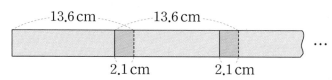

13.6 cm   13.6 cm

2.1 cm   2.1 cm

풀이

❶ 길이가 13.6 cm인 색 테이프 7장의 길이의 합은

$13.6 \times \boxed{} = \boxed{}$ (cm)입니다.

❷ 겹치는 부분은 모두 $\boxed{}$ 군데이므로 겹치는 부분의 길이의 합은

$2.1 \times \boxed{} = \boxed{}$ (cm)입니다.

❸ (이어 붙인 색 테이프의 전체 길이)
= (색 테이프 7장의 길이의 합) − (겹치는 부분의 길이의 합)
$= \boxed{} - \boxed{} = \boxed{}$ (cm)

답 _____

>> 정답 및 풀이 **34**쪽

예제 길이가 9.8 cm인 색 테이프 8장을 그림과 같이 0.7 cm씩 겹치게 이어 붙였습니다. 이어 붙인 색 테이프의 전체 길이는 몇 cm일까요?

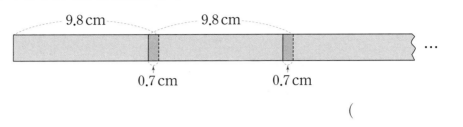

(   )

04-1 길이가 9.4 cm인 색 테이프 16장을 그림과 같이 0.8 cm씩 겹치게 이어 붙였습니다. 이어
변형 붙인 색 테이프의 전체 길이는 몇 cm일까요?

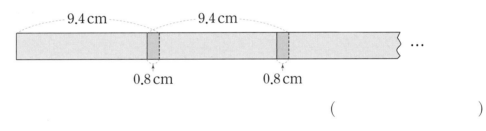

(   )

04-2 길이가 15.5 cm인 색 테이프 13장을 그림과 같이 일정한 간격만큼씩 겹치게 이어 붙였습
발전 니다. 이어 붙인 색 테이프의 전체 길이가 177.5 cm라면 색 테이프를 몇 cm씩 겹치게 이어
붙였을까요?

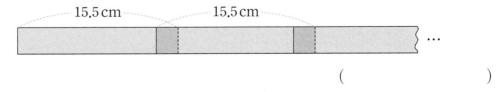

(   )

곱을 크게 하려면 높은 자리에 큰 수를 놓자.

➕ 유형 솔루션

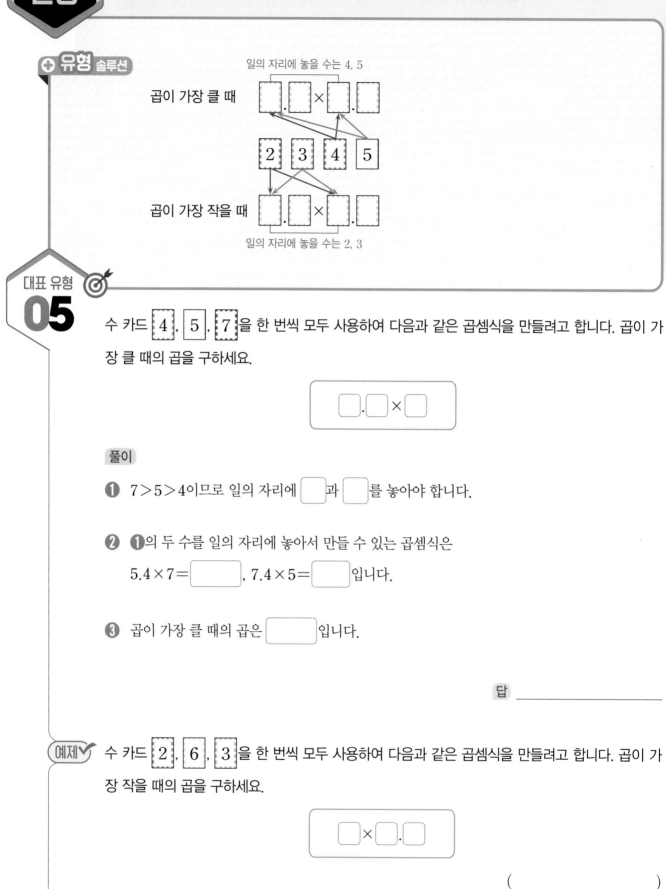

일의 자리에 놓을 수는 4, 5

곱이 가장 클 때 □.□ × □.□

2 3 4 5

곱이 가장 작을 때 □.□ × □.□

일의 자리에 놓을 수는 2, 3

대표 유형
05

수 카드 [4], [5], [7]을 한 번씩 모두 사용하여 다음과 같은 곱셈식을 만들려고 합니다. 곱이 가장 클 때의 곱을 구하세요.

□.□ × □

풀이

❶ 7 > 5 > 4이므로 일의 자리에 □과 □를 놓아야 합니다.

❷ ❶의 두 수를 일의 자리에 놓아서 만들 수 있는 곱셈식은

5.4 × 7 = □, 7.4 × 5 = □ 입니다.

❸ 곱이 가장 클 때의 곱은 □ 입니다.

답 _____

예제 ✔ 수 카드 [2], [6], [3]을 한 번씩 모두 사용하여 다음과 같은 곱셈식을 만들려고 합니다. 곱이 가장 작을 때의 곱을 구하세요.

□ × □.□

(_____)

>> 정답 및 풀이 **34~35**쪽

05-1 수 카드 3, 5, 7, 6 을 한 번씩 모두 사용하여 다음과 같은 곱셈식을 만들려고 합니
변형 다. 곱이 가장 클 때의 곱을 구하세요.

(   )

05-2 수 카드 2, 4, 8, 9 를 한 번씩 모두 사용하여 다음과 같은 곱셈식을 만들려고 합니
변형 다. 곱이 가장 작을 때의 곱을 구하세요.

(   )

05-3 수 카드 2, 4, 6, 8, 7 을 한 번씩 모두 사용하여 소수 두 자리 수와 소수 한 자
발전 리 수의 곱셈식을 만들려고 합니다. 곱이 가장 클 때의 곱을 구하세요.

(   )

4

소수의 곱셈

소수점의 위치를 보면 계산하지 않아도 알 수 있다.

유형솔루션

$$16 \times 0.27 = 4.32$$

10배   10배

$$16 \times 2.7 = 43.2$$

10배   10배   100배

$$160 \times 27 = 4320$$

대표 유형 06

㉠은 ㉡의 몇 배인지 구하세요.

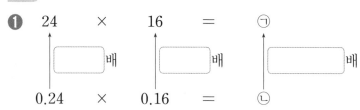

㉠ 24×16

㉡ 0.24×0.16

풀이

❶ $24 \times 16 = ㉠$

⬆ ⬜배   ⬜배   ⬜배

$0.24 \times 0.16 = ㉡$

❷ ㉠은 ㉡의 ⬜ 배입니다.

답 _____

예제 ㉠은 ㉡의 몇 배인지 구하세요.

㉠ 320×18

㉡ 32×1.8

(   )

>> 정답 및 풀이 35~36쪽

06-1 변형

6.3×1.08은 0.63×0.108의 몇 배일까요?

(   )

06-2 변형

$47 \times 19 = 893$임을 이용하여 ☐ 안에 알맞은 수를 써넣으세요.

$$4.7 \times 1.9 = \boxed{}$$

$$470 \times 0.19 = \boxed{}$$

06-3 발전

$16 \times 3.8 \times 240 = 14592$일 때 ☐ 안에 알맞은 수를 구하세요.

$$0.16 \times \boxed{} \times 24 = 1.4592$$

(   )

06-4 발전

☐ 안에 알맞은 수를 구하세요.

$$5.6 \times 0.318 = \boxed{} \times 3.18$$

(   )

4

소수의 곱셈

●배 한 길이나 양을 구하려면 ×●를 하자.

빨간색 끈의 길이: 3.5 m

파란색 끈의 길이가 빨간색 끈의 길이의 1.2배일 때

(파란색 끈의 길이)=3.5×1.2=4.2 (m)

대표 유형 07

우유를 민성이는 혜지의 1.3배만큼 마셨습니다. 혜지가 마신 우유의 양이 0.55 L일 때 혜지와 민성이가 마신 우유의 양의 합은 몇 L인지 구하세요.

풀이

❶ 민성이가 마신 우유의 양은 혜지의 1.3배이므로

(민성이가 마신 우유의 양)=0.55× $\boxed{}$ = $\boxed{}$ (L)

❷ (혜지와 민성이가 마신 우유의 양의 합)

=(혜지가 마신 우유의 양)+(민성이가 마신 우유의 양)

=0.55+ $\boxed{}$ = $\boxed{}$ (L)

답 _____

예제 밀가루를 민주는 성희의 0.8배만큼 가지고 있습니다. 성희가 가지고 있는 밀가루의 양이 0.64 kg일 때 성희와 민주가 가지고 있는 밀가루 양의 합은 몇 kg인지 구하세요.

( )

07-1
변형
어느 식당에서 들기름을 어제는 1.53 L 사용했고, 오늘은 어제 사용한 들기름 양의 1.5배만큼 사용했습니다. 이 식당에서 어제와 오늘 사용한 들기름의 양은 모두 몇 L인지 구하세요.

( )

07-2
변형
선물 포장을 하기 위해 노란색 끈은 1.8 m, 초록색 끈은 노란색 끈의 2.3배, 보라색 끈은 초록색 끈의 1.5배만큼 사용했습니다. 사용한 끈의 길이는 모두 몇 m인지 구하세요.

( )

4

소수의 곱셈

07-3
발전
가로가 13.4 m, 세로가 10.5 m인 직사각형 모양의 밭이 있습니다. 이 밭의 가로를 0.8배, 세로를 2.3배 하여 새로운 밭을 만들었습니다. 처음 밭의 넓이와 새로 만든 밭의 넓이의 차는 몇 m²인지 구하세요.

( )

거리를 구하기 위해서 시간을 소수로 나타내자.

1시간 30분 $= 1\dfrac{30}{60}$시간 $= 1\dfrac{5}{10}$시간 $= 1.5$시간

일정한 빠르기로
가는 자동차

1 시간에　　　　　　80 km를 가는 자동차는

1×1.5　　　　　　80×1.5

1.5 시간 동안에는 120 km를 갑니다.

참고

1시간$=60$분이므로 ■분$=\dfrac{■}{60}$시간

대표 유형 08

한 시간에 75 km를 가는 자동차가 있습니다. 이 자동차가 같은 빠르기로 1시간 48분 동안 간 거리는 몇 km일까요?

풀이

❶ 1시간 48분은 몇 시간인지 소수로 나타냅니다.

→ 1시간 48분$=1\dfrac{48}{60}$시간$=\boxed{}$시간

❷ 이 자동차가 같은 빠르기로 1시간 48분 동안 간 거리는

$75 \times \boxed{} = \boxed{}$ (km)

답 _____

예제 한 시간에 80.4 km를 가는 자동차가 있습니다. 이 자동차가 같은 빠르기로 2시간 24분 동안 간 거리는 몇 km일까요?

(　　　　　　　　)

08-1
변형
1분에 4.5 km를 달리는 기차가 있습니다. 이 기차가 같은 빠르기로 9분 45초 동안 달린 거리는 몇 km일까요?

(   )

08-2
발전
각각 일정한 빠르기로 달리는 두 자동차가 있습니다. 가 자동차는 1분에 3.1 km, 나 자동차는 1분에 1.85 km를 달립니다. 가와 나 자동차가 같은 지점에서 같은 방향으로 동시에 출발하여 8분 36초 동안 달렸을 때, 두 자동차 사이의 거리는 몇 km일까요?

(   )

4

소수의 곱셈

08-3
발전
은별이와 영준이는 각각 일정한 빠르기로 걷습니다. 은별이는 한 시간 동안 4.3 km를 걷고, 영준이는 20분 동안 1.3 km를 걷습니다. 두 사람이 같은 지점에서 동시에 출발하여 서로 반대 방향으로 2시간 18분 동안 걸었을 때 두 사람 사이의 거리는 몇 km일까요?

(   )

문제를 읽고 먼저 구할 수 있는 것부터 구하자.

유형 솔루션

일정한 빠르기로 한 시간에 70.5 km를 달리는 A 자동차

A 자동차가 1 km를 달리는 데 필요한 휘발유는 0.13 L

A 자동차가 2시간 30분 동안 달리는 데 필요한 휘발유의 양은 몇 L?

$2\frac{30}{60}$시간=2.5시간

문제해결순서 ❶ A 자동차가 2시간 30분 동안 달리는 거리 구하기

→ 70.5×2.5=176.25 (km)

❷ A 자동차가 2시간 30분 동안 달리는 데 필요한 휘발유의 양 구하기

→ 176.25×0.13=22.9125 (L)

대표 유형 09

한 시간에 72 km를 달리는 자동차가 있습니다. 이 자동차가 1 km를 달리는 데 필요한 휘발유의 양이 0.15 L라면 같은 빠르기로 1시간 18분 동안 달리는 데 필요한 휘발유는 몇 L인지 소수로 나타내 보세요.

풀이

❶ 1시간 18분은 몇 시간인지 소수로 나타냅니다.

→ 1시간 18분=$1\frac{18}{60}$시간=□시간

❷ (1시간 18분 동안 달린 거리)=72×□=□ (km)

❸ (1시간 18분 동안 달리는 데 필요한 휘발유의 양)

=□×0.15=□ (L)

답 _____

예제 한 시간에 85 km를 달리는 자동차가 있습니다. 이 자동차가 1 km를 달리는 데 필요한 휘발유의 양이 0.12 L라면 같은 빠르기로 1시간 36분 동안 달리는 데 필요한 휘발유는 몇 L인지 소수로 나타내 보세요.

( )

09-1
변형

재용이네 집에서 할아버지 댁까지 가려면 자동차를 타고 한 시간에 83.5 km를 가는 빠르기로 2시간 36분 동안 가야 합니다. 이 자동차가 1 km를 가는 데 0.13 L의 휘발유가 필요하다면 재용이네 집에서 할아버지 댁까지 가는 데 필요한 휘발유는 몇 L일까요?

(단, 자동차는 일정한 빠르기로 갑니다.)

(   )

09-2
변형

1 km를 가는 데 1.9 L의 기름을 사용하는 배가 있습니다. 이 배로 한 시간에 52 km를 가는 빠르기로 1시간 48분 동안 갔습니다. 배에 처음에 들어있던 기름이 180 L일 때 사용하고 남은 기름은 몇 L일까요?

(   )

4

소수의 곱셈

09-3
발전

1분에 13.6 L의 물이 나오는 수도로 물탱크에 물을 받으려고 합니다. 이 물탱크의 구멍에서 1분에 1.2 L의 물이 빠져 나간다면 5분 24초 동안 물탱크에 받을 수 있는 물은 몇 L일까요? (단, 수도에서 나오는 물과 물탱크에서 빠져 나가는 물의 양은 각각 일정합니다.)

(   )

규칙을 찾아 소수 몇째 자리 수가 되는지 알아보자.

유형 솔루션

$$0.\blacksquare \times 0.\blacksquare \times \cdots \times 0.\blacksquare$$

▲번

→ 곱은 소수 ▲자리 수

대표 유형 10

다음을 보고 규칙을 찾아 0.3을 15번 곱했을 때 곱의 소수 15째 자리 숫자는 무엇인지 구하세요.
(단, 0.3을 1번 곱하는 것은 0.3으로 생각합니다.)

$$0.3 = 0.3$$
$$0.3 \times 0.3 = 0.09$$
$$0.3 \times 0.3 \times 0.3 = 0.027$$
$$0.3 \times 0.3 \times 0.3 \times 0.3 = 0.0081$$
$$0.3 \times 0.3 \times 0.3 \times 0.3 \times 0.3 = 0.00243$$
$$0.3 \times 0.3 \times 0.3 \times 0.3 \times 0.3 \times 0.3 = 0.000729$$
$$\vdots$$

풀이

❶ 0.3을 15번 곱하면 곱은 소수 ☐자리 수가 되므로 소수 15째 자리 숫자는 소수점 아래 끝자리 숫자입니다.

❷ 0.3을 계속 곱하면 곱의 소수점 아래 끝자리 숫자는 3, ☐, ☐, ☐이 반복됩니다.

❸ $15 \div 4 =$ ☐ $\cdots$ ☐ 이므로 0.3을 15번 곱했을 때 곱의 소수 15째 자리 숫자는 0.3을 ☐번 곱했을 때의 소수점 아래 끝자리 숫자와 같은 ☐입니다.

답 _____

예제 0.3을 50번 곱했을 때 곱의 소수 50째 자리 숫자는 무엇일까요?

$$0.3 \qquad 0.3 \times 0.3 \qquad 0.3 \times 0.3 \times 0.3 \cdots$$

1번 곱할 때   2번 곱할 때   3번 곱할 때

(   )

>> 정답 및 풀이 **38~39**쪽

10-1
변형

0.7을 36번 곱했을 때 곱의 소수 36째 자리 숫자는 무엇일까요? (단, 0.7을 1번 곱하는 것은 0.7로 생각합니다.)

(   )

10-2
변형

0.7을 99번 곱했을 때 곱의 소수 99째 자리 숫자는 무엇일까요? (단, 0.7을 1번 곱하는 것은 0.7로 생각합니다.)

(   )

4

소수의 곱셈

10-3
변형

0.8을 90번 곱했을 때 곱의 소수 90째 자리 숫자는 무엇일까요? (단, 0.8을 1번 곱하는 것은 0.8로 생각합니다.)

(   )

01 ⚹ 대표 유형 **06**

5.7×12.4는 0.57×0.124의 몇 배일까요?

풀이

Tip

5.7은 0.57의 몇 배인지, 12.4는 0.124의 몇 배인지 먼저 알아봅니다.

답 _____

02 ⚹ 대표 유형 **03**

가♥나=가×나+가로 약속할 때, $6.3♥4.9$의 값을 구하세요.

풀이

답 _____

03 ⚹ 대표 유형 **05**

수 카드 3, 5, 6, 8을 한 번씩 모두 사용하여 다음과 같은 곱셈

식을 만들려고 합니다. 곱이 가장 작을 때의 곱을 구하세요.

Tip

곱이 가장 작을 때는 일의 자리에 작은 수를 놓습니다.

풀이

답 _____

04 어떤 수에 6.3을 곱해야 할 것을 잘못하여 어떤 수에서 6.3을 뺐더니 15.8이 되었습니다. 바르게 계산한 값을 구하세요.

⊙ 대표 유형 **01**

Tip

잘못 계산한 식을 쓰고 어떤 수를 먼저 구합니다.

풀이

답 _____

05 선물 포장을 하기 위해 주황색 끈은 2.3 m, 보라색 끈은 주황색 끈의 1.5배, 하늘색 끈은 보라색 끈의 1.9배만큼 사용했습니다. 사용한 끈의 길이는 모두 몇 m인지 구하세요.

⊙ 대표 유형 **07**

Tip

●배 하면 ×●입니다.

풀이

답 _____

4

소수의 곱셈

06 ☐ 안에 들어갈 수 있는 자연수는 모두 몇 개일까요?

⊙ 대표 유형 **02**

$$5.48 \times 6 < \boxed{} < 4.79 \times 8$$

풀이

답 _____

🎯 대표 유형 **09**

07 라솔이네 집에서 할머니 댁까지 가려면 자동차를 타고 한 시간에 91.5 km 를 가는 빠르기로 2시간 42분 동안 가야 합니다. 이 자동차가 1 km를 가는 데 0.12 L의 휘발유가 필요하다면 라솔이네 집에서 할머니 댁까지 가는 데 필요한 휘발유는 몇 L일까요? (단, 자동차는 일정한 빠르기로 갑니다.)

Tip 🔼

라솔이네 집에서 할머니 댁까지의 거리를 먼저 구합니다.

풀이

답 _____

🎯 대표 유형 **08**

08 각각 일정한 빠르기로 달리는 두 자동차가 있습니다. 가 자동차는 1분에 2.83 km, 나 자동차는 1분에 3.07 km를 달립니다. 가와 나 자동차가 같은 지점에서 같은 방향으로 동시에 출발하여 9분 12초 동안 달렸을 때, 두 자동차 사이의 거리는 몇 km일까요?

Tip 🔼

두 자동차가 같은 지점에서 같은 방향으로 출발했을 때 두 자동차 사이의 거리

풀이

답 _____

🎯 대표 유형 **07**

09 어느 자전거 가게의 올해 목표 판매량은 작년 판매량의 1.2배이고 작년 판매량은 1600대였습니다. 오늘까지 올해 목표 판매량의 0.6배만큼 판매 했다면 자전거를 몇 대 더 판매해야 올해 목표 판매량을 달성할까요?

풀이

답 _____

🎯 대표 유형 **10**

10 다음과 같이 0.9를 100번 곱했을 때 곱의 소수 100째 자리 숫자는 무엇
일까요?

$$0.9 \times 0.9 \times 0.9 \times \cdots \times 0.9$$
$$\underbrace{\qquad\qquad\qquad\qquad}_{100번}$$

Tip 👆
0.9를 계속 곱했을 때 반복되는
소수점 아래 끝자리 숫자를 알
아봅니다.

풀이

답 _____

4

소수의 곱셈

🎯 대표 유형 **04**

11 길이가 13.4 cm인 색 테이프 12장을 그림과 같이 일정한 간격만큼씩
겹치게 이어 붙였습니다. 이어 붙인 색 테이프의 전체 길이가 127.8 cm라면
색 테이프를 몇 cm씩 겹치게 이어 붙였을까요?

Tip 👆
색 테이프 12장을 겹치게 이어
붙이면 겹치는 부분은
(12-1)군데입니다.

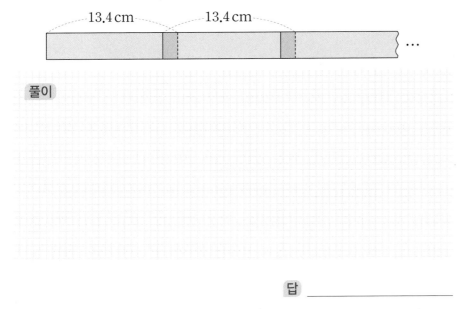

풀이

답 _____

5

직육면체

직육면체, 정육면체

● **직육면체**: 직사각형 6개로 둘러싸인 도형

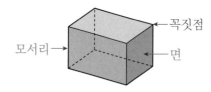

꼭짓점

모서리 → ← 면

┌ 면: 선분으로 둘러싸인 부분
├ 모서리: 면과 면이 만나는 선분
└ 꼭짓점: 모서리와 모서리가 만나는 점

● **정육면체**: 정사각형 6개로 둘러싸인 도형

● **직육면체와 정육면체의 비교**

구분	같은 점			다른 점	
	면의 수(개)	모서리의 수(개)	꼭짓점의 수(개)	면의 모양	모서리의 길이
직육면체	6	12	8	직사각형	서로 다름
정육면체				정사각형	모두 같음

(면의 수)=(한 면의 변의 수)+2=4+2=6(개)
(모서리의 수)=(한 면의 변의 수)×3=4×3=12(개)
(꼭짓점의 수)=(한 면의 변의 수)×2=4×2=8(개)

01 직육면체와 정육면체에 대해 바르게 설명한 것은 어느 것일까요? ⸱⸱⸱⸱⸱⸱⸱⸱⸱⸱⸱⸱⸱⸱⸱⸱⸱⸱⸱⸱ (   )

① 정육면체의 꼭짓점은 6개입니다.
② 직육면체는 모서리의 길이가 모두 같습니다.
③ 정육면체의 면의 모양은 정육각형입니다.
④ 직육면체의 면의 모양은 직사각형입니다.
⑤ 직육면체의 모서리는 8개입니다.

02 ㉠×㉡을 구하세요.

> • 정육면체의 꼭짓점은 ㉠개입니다.
> • 정육면체의 면은 ㉡개입니다.

(   )

03 다음 정육면체에서 색칠한 면의 둘레는 몇 cm일까요?

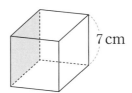

7 cm

(   )

5

직육면체

활용 개념 1 직육면체와 정육면체의 관계

정육면체의 면의 모양은 정사각형이고 정사각형은 직사각형이라고 할 수 있으므로 정육면체는 직육면체라고 할 수 있습니다.

정육면체 ⟷ 직육면체

04 설명이 옳으면 ○표, 틀리면 ×표 하세요.

| 정육면체는 직육면체라고 할 수 있습니다. | 직육면체는 정육면체라고 할 수 있습니다. |

(   )   (   )

직육면체의 성질, 직육면체의 겨냥도

● **직육면체의 밑면**: 직육면체에서 평행한 두 면
  └→ 계속 늘여도 만나지 않는 두 면

 평행 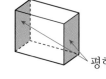 평행 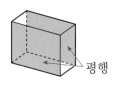 평행

서로 마주 보는 면은 평행하고, 모두 3쌍이며 각각은 모두 밑면이 될 수 있습니다.

● **직육면체의 옆면**: 직육면체에서 밑면과 수직인 면

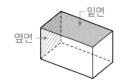

서로 만나는 면은 수직이고, 한 면과 수직인 면은 모두 4개입니다.

● **직육면체의 겨냥도**

직육면체 모양을 잘 알 수 있도록 보이는 모서리는 실선으로, 보이지 않는 모서리는 점선으로 나타낸 그림

01 직육면체를 보고 ◯ 안에 알맞게 써넣으세요.

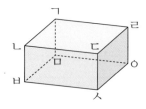

(1) 면 ㄱㄴㄷㄹ과 마주 보는 면은 면 [   ]입니다.

(2) 면 ㄱㄴㅂㅁ과 평행한 면은 면 [   ]입니다.

>> 정답 및 풀이 41쪽

직육면체의 모서리의 길이

직육면체에서 서로 평행한 모서리의 길이는 각각 같습니다.

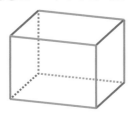

같은 색으로 나타낸 모서리의 길이는 각각 같습니다.

02 오른쪽 직육면체의 모든 모서리의 길이의 합은 136 cm입니다.
☐ 안에 알맞은 수를 구하세요.

(   )

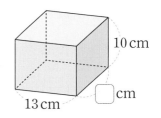

직육면체의 겨냥도에서 보이는 부분과 보이지 않는 부분

구분	보이는 부분	보이지 않는 부분	전체
면의 수(개)	3	3	6
모서리의 수(개)	9(실선)	3(점선)	12
꼭짓점의 수(개)	7	1	8

03 오른쪽 직육면체의 겨냥도에서 보이지 않는 모서리의 길이의 합은 몇 cm일까요?

(   )

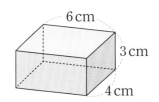

직육면체의 전개도

📜 **교과서 개념**

● **정육면체의 전개도**: 정육면체의 모서리를 잘라서 펼친 그림

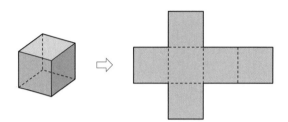

주의
잘린 모서리는 실선, 잘리지 않은 모서리는 점선으로 표시합니다.

● **직육면체의 전개도 그리기**

① 잘린 모서리는 실선으로, 잘리지 않은 모서리는 점선으로 그립니다.

② 접었을 때 서로 마주 보는 면은 모양과 크기가 같게 그립니다.

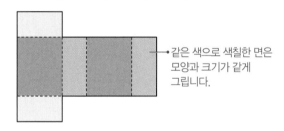

•같은 색으로 색칠한 면은 모양과 크기가 같게 그립니다.

③ 접었을 때 겹치는 모서리의 길이가 같게 그립니다.

참고
직육면체의 전개도는 밑에 놓일 면을 어디로 정하는지에 따라, 모서리를 어떤 방법으로 자르는지에 따라 여러 가지 방법으로 그릴 수 있습니다.

01 정육면체의 전개도를 접었을 때 점 ㄱ과 만나는 점은 모두 몇 개일까요?

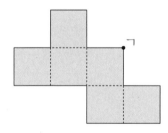

(   )

>> 정답 및 풀이 **41**쪽

02 직육면체의 전개도를 접었을 때 선분 ㅁㄹ과 겹치는 선분을 찾아 써 보세요.

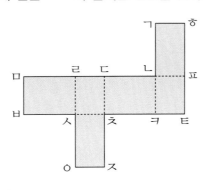

(   )

03 직육면체의 전개도를 접었을 때 점 ㅈ과 만나는 점을 모두 찾아 써 보세요.

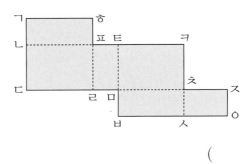

(   )

5

직육면체

활용 개념 1 **직육면체를 만들 수 없는 전개도**

① 접었을 때 색칠한 두 면이 겹칩니다.   ② 접었을 때 겹치는 선분의 길이가 다릅니다.

   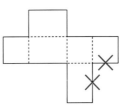   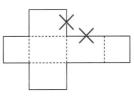

04 다음 중 접었을 때 직육면체를 만들 수 <u>없는</u> 전개도를 모두 찾아 기호를 써 보세요.

ㄱ   ㄴ   ㄷ   ㄹ

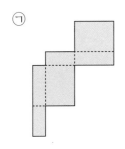   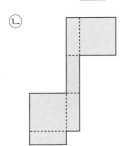   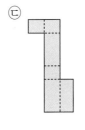   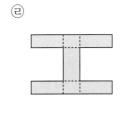

(   )

직육면체에서 길이가 같은 모서리는 4개씩이다.

 유형 솔루션

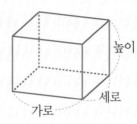

직육면체에서 길이가 같은 모서리는 4개씩이므로
(직육면체의 모든 모서리의 길이의 합)
＝(가로＋세로＋높이)×4

대표 유형
01

다음 전개도를 접어서 직육면체를 만들려고 합니다. 만든 직육면체의 모든 모서리의 길이의 합은 몇 cm일까요?

9 cm

5 cm

13 cm

풀이

❶ 전개도를 접어서 만든 직육면체의 모서리의 길이를 ⃞ 안에 알맞게 써넣습니다.

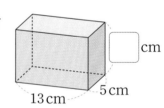

⃞ cm

13 cm   5 cm

❷ 13 cm, 5 cm, ⃞ cm인 모서리가 각각 4개씩 있으므로

(직육면체의 모든 모서리의 길이의 합)＝(13＋5＋⃞)×⃞＝⃞(cm)

답 _____

예제 ✔ 다음 전개도를 접어서 만든 직육면체의 모든 모서리의 길이의 합은 몇 cm일까요?

4 cm

5 cm

7 cm

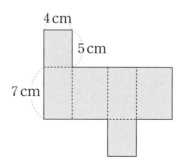

(   )

>> 정답 및 풀이 **41~42**쪽

01-1
둘레가 182 cm인 정육면체의 전개도를 접어서 정육면체를 만들었습니다. 만든 정육면체의 모든 모서리의 길이의 합은 몇 cm일까요?

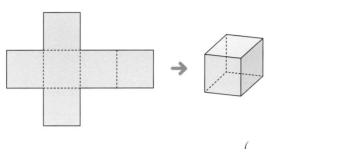

( )

01-2
다음 전개도를 접으면 모든 모서리의 길이의 합이 112 cm인 직육면체가 됩니다. 전개도의 둘레는 몇 cm일까요?

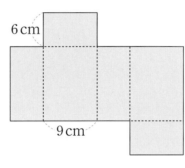

6 cm

9 cm

( )

01-3
정육면체의 겨냥도에서 보이지 않는 모서리의 길이의 합은 48 cm입니다. 이 정육면체의 모든 모서리의 길이의 합은 몇 cm일까요?

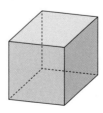

( )

전개도를 접었을 때 겹치는 면이 없어야 한다.

정육면체의 전개도 ──▶ 정육면체의 전개도는 그림과 같이 모두 11가지가 있습니다.

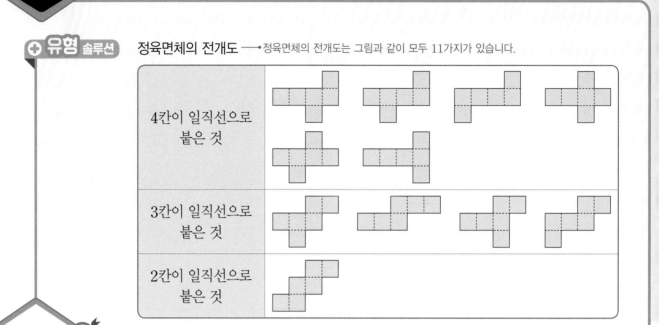

4칸이 일직선으로 붙은 것	
3칸이 일직선으로 붙은 것	
2칸이 일직선으로 붙은 것	

대표 유형
02

정육면체의 전개도를 잘못 그린 것입니다. 색칠한 면만 옮겨 정육면체의 전개도를 다시 그릴 때 그릴 수 있는 방법은 모두 몇 가지일까요?

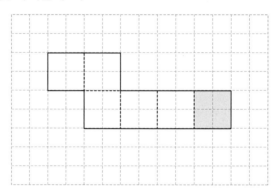

풀이

❶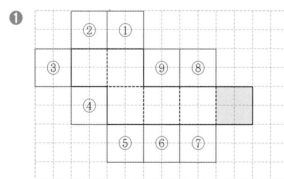

색칠한 면을 옮길 수 있는 위치는

☐, ☐, ☐, ☐입니다.

❷ 정육면체의 전개도를 다시 그릴 수 있는 방법은 모두 ☐ 가지입니다.

답 _____

>> 정답 및 풀이 **42**쪽

예제✔ 다음은 <u>잘못</u> 그려진 정육면체의 전개도입니다. **보기**와 같이 면 1개를 옮겨서 정육면체의 전개도가 될 수 있도록 그려 보세요.

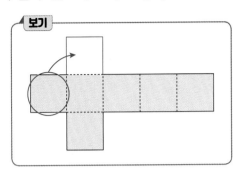

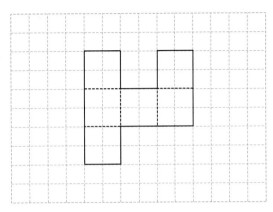

02-1
변형
정사각형 1개를 더 그려 정육면체의 전개도를 만들려고 합니다. 정육면체의 전개도가 될 수 있는 곳의 기호를 써 보세요.

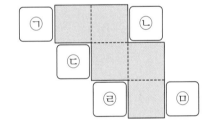

(   )

02-2
발전
다음 그림에서 색칠한 면이 정육면체 전개도의 일부일 때 나머지 면이 될 수 있는 곳을 모두 찾아 기호를 써 보세요.

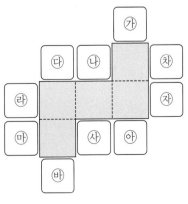

(   )

만나지 않는 두 면은 서로 평행하다.

유형 솔루션 직육면체의 전개도를 접었을 때 면 ㉮와 만나지 않는 면은 면 ㉣입니다.

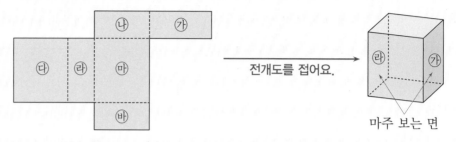

전개도를 접어요.

마주 보는 면

대표 유형 03

직육면체의 전개도를 접었을 때 면 ㅎㄷㅂㅍ과 만나지 않는 면의 네 변의 길이의 합을 구하세요.

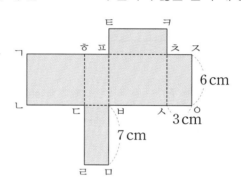

풀이

❶ 전개도를 접었을 때 면 ㅎㄷㅂㅍ과 평행한 면은 면 ☐ 입니다.

❷ 면 ㅎㄷㅂㅍ과 평행한 면인 면 ☐ 의 네 변의 길이의 합은

☐+☐+☐+☐=☐ (cm)입니다.

답 _____

예제 직육면체의 전개도를 접었을 때 면 ㅁㅂㄷㄹ과 만나지 않는 면의 네 변의 길이의 합은 몇 cm일까요?

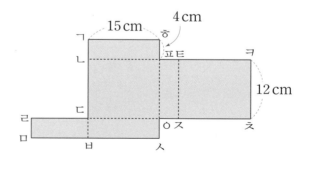

( )

>> 정답 및 풀이 **43**쪽

03-1
변형
직육면체의 전개도를 접었을 때 면 ㄱㄴㄷㅎ과 만나지 않는 면의 네 변의 길이의 합은 몇 cm일까요?

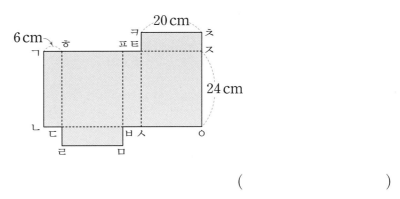

(　　　　　　　)

03-2
변형
직육면체의 전개도를 접었을 때 면 ㄱㄴㅍㅎ과 만나지 않는 면의 네 변의 길이의 합은 몇 cm일까요?

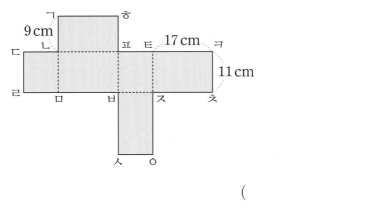

(　　　　　　　)

03-3
발전
직육면체의 전개도를 접었을 때 면 ㄷㄹㅁㅌ과 만나지 않는 면의 네 변의 길이의 합은 몇 cm일까요?

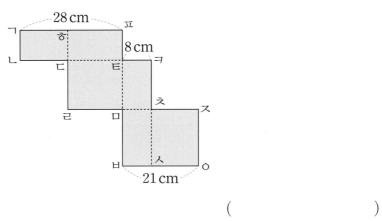

(　　　　　　　)

5

직육면체

끈이 각 모서리의 길이와 같은 부분을 몇 번씩 지나갔는지 알아보자.

유형 솔루션

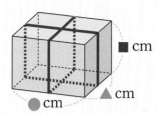

끈은 각 모서리의 길이와 같은 부분을 몇 번씩 지나갔는지 알아봅니다.

→ ● cm인 부분: 2번, ▲ cm인 부분: 2번,
   ■ cm인 부분: 4번

→ (사용한 끈의 길이)=(●×2+▲×2+■×4) cm

대표 유형 04

그림과 같이 끈으로 직육면체 모양의 상자를 묶었습니다. 상자를 묶는 데 사용한 끈의 길이는 최소한 몇 cm일까요?

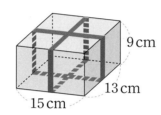

9 cm
13 cm
15 cm

풀이

❶ 끈이 지나간 자리는 길이가 15 cm, 13 cm, 9 cm인 부분을 각각 몇 번씩 지나갔는지 알아봅니다.

15 cm인 부분: ☐ 번, 13 cm인 부분: ☐ 번, 9 cm인 부분: ☐ 번

❷ 상자를 묶는 데 사용한 끈의 길이는 최소한

15×☐ +13×☐ +9×☐ = ☐ (cm)입니다.

답 _____

예제 ✔ 그림과 같이 끈으로 직육면체 모양의 상자를 묶었습니다. 상자를 묶는 데 사용한 끈의 길이는 최소한 몇 cm일까요?

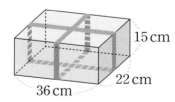

15 cm
22 cm
36 cm

(   )

04-1 변형 그림과 같이 정육면체 모양의 상자를 끈으로 묶었습니다. 매듭의 길이가 20 cm일 때 상자를 묶는 데 사용한 끈의 길이는 최소한 몇 cm일까요?

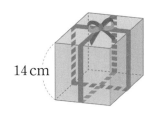

14 cm

( )

04-2 변형 그림과 같이 끈으로 직육면체 모양의 상자를 묶었습니다. 매듭으로 사용한 끈의 길이가 40 cm일 때 상자를 묶는 데 사용한 끈의 길이는 최소한 몇 cm일까요?

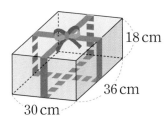

18 cm
36 cm
30 cm

( )

5

직육면체

04-3 발전 그림과 같이 끈으로 직육면체 모양의 상자를 묶었습니다. 상자를 묶는 데 사용한 끈의 길이는 최소한 몇 cm일까요?

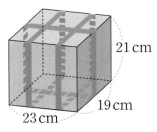

21 cm
19 cm
23 cm

( )

유형 변형 — 각 면과 평행한 면에 있는 글자(모양)를 찾아보자.

⊕ 유형 솔루션

각 면에 A부터 F까지 알파벳이 적힌 정육면체를 세 방향에서 보면 다음과 같을 때

→ 알파벳의 방향은 생각하지 않습니다.

A가 적힌 면과 평행한 면에 적힌 알파벳은 F입니다.

대표 유형 05

왼쪽 그림은 어느 정육면체의 전개도인지 찾아 기호를 써 보세요. (단, 알파벳의 방향은 생각하지 않습니다.)

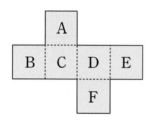

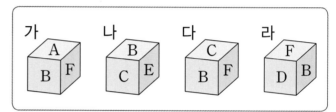

풀이

❶ 전개도를 접었을 때 다음 면과 평행한 면에 쓰여진 알파벳을 알아봅니다.

A → ☐　　　B → ☐　　　C → ☐

❷ 가: ☐A☐ 와 ☐F☐ 는 서로 수직인 면입니다.

　나: ☐C☐ 와 ☐E☐ 는 서로 수직인 면입니다.

　라: ☐B☐ 와 ☐D☐ 는 서로 수직인 면입니다. 따라서 알맞은 정육면체는 ☐ 입니다.

답 _____

예제 ✔

왼쪽 그림은 어느 정육면체의 전개도인지 찾아 기호를 써 보세요. (단, 숫자의 방향은 생각하지 않습니다.)

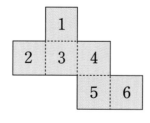

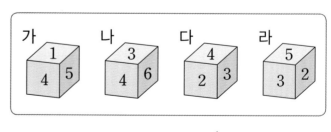

(　　　　　　　)

05-1 변형

각 면에 서로 다른 6가지 색이 칠해진 정육면체를 세 방향에서 본 것입니다. 초록색이 칠해진 면과 평행한 면의 색은 무슨 색일까요?

(   )

05-2 변형

왼쪽 정육면체의 전개도를 접어서 만든 정육면체가 <u>아닌</u> 것을 찾아 기호를 써 보세요. (단, 글자의 방향은 생각하지 않습니다.)

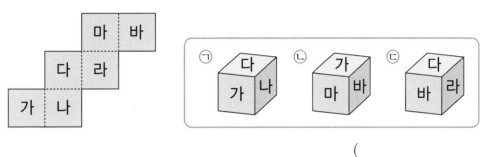

(   )

05-3 발전

한 개의 정육면체를 세 방향에서 본 것입니다. 전개도에 알맞게 무늬를 그려 보세요.
(단, 무늬의 방향은 생각하지 않습니다.)

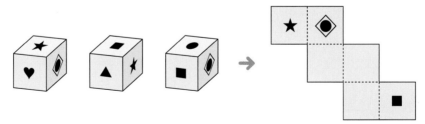

5
직육면체

유형변형

주사위에서 평행한 면은 서로 마주 보는 면이다.

유형 솔루션

평행한 두 면의 눈의 수의 합이 7인 정육면체 모양의 주사위에서 수직인 면은 4개, 평행한 면은 1개입니다.

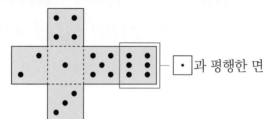

┈┈과 평행한 면

> 주사위의 눈은
> 1부터 6까지 그려져 있어요.

대표 유형 06

주사위의 눈은 1부터 6까지 그려져 있고 서로 평행한 두 면의 눈의 수의 합은 7입니다. 오른쪽 주사위의 전개도에서 ㉠, ㉡, ㉢에 알맞은 눈의 수를 구하세요.

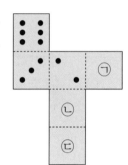

풀이

❶ (㉠과 서로 평행한 면의 눈의 수)= ☐ , ㉠=7− ☐ = ☐

❷ (㉡과 서로 평행한 면의 눈의 수)= ☐ , ㉡=7− ☐ = ☐

❸ (㉢과 서로 평행한 면의 눈의 수)= ☐ , ㉢=7− ☐ = ☐

답 ㉠ _____ , ㉡ _____ , ㉢ _____

예제 주사위의 눈은 1부터 6까지 그려져 있고 서로 평행한 두 면의 눈의 수의 합은 7입니다. 주사위의 전개도에서 ㉠, ㉡, ㉢에 알맞은 눈의 수를 구하세요.

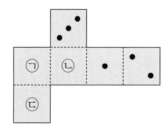

㉠ (   ), ㉡ (   ), ㉢ (   )

06-1
변형

주사위의 눈은 1부터 6까지 그려져 있고 서로 평행한 두 면의 눈의 수의 합은 7입니다. 주사위의 전개도에서 눈의 수가 가장 작은 곳의 기호를 써 보세요.

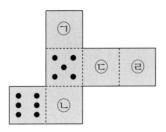

(   )

06-2
변형

주사위의 눈은 1부터 6까지 그려져 있고 서로 평행한 두 면의 눈의 수의 합은 7입니다. 주사위의 전개도에서 ㉮, ㉯, ㉰에 알맞은 눈의 수의 합은 얼마일까요?

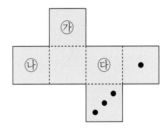

(   )

06-3
발전

주사위의 눈은 1부터 6까지 그려져 있고 서로 평행한 두 면의 눈의 수의 합은 7입니다. 전개도를 접었을 때 면 ㉮와 면 ㉯에 공통으로 수직인 면의 눈의 수의 곱은 얼마일까요?

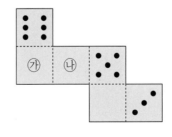

(   )

유형변형

서로 맞닿는 주사위 면의 눈의 수를 먼저 구하자.

맞닿는 면   정육면체 2개를 붙였을 때 맞닿는 면은 색칠한 두 면입니다.

대표 유형 07

오른쪽 그림과 같이 마주 보는 두 면의 눈의 수의 합이 7인 주사위 2개를 서로 맞닿는 면의 눈의 수의 합이 11이 되도록 쌓았습니다. 바닥과 맞닿는 면의 주사위의 눈의 수는 얼마일까요?

풀이

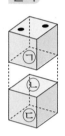

❶ 주사위에서 마주 보는 두 면의 눈의 수의 합이 7이므로

$2+㉠=\boxed{}$, $㉠=\boxed{}-2=\boxed{}$

❷ 서로 맞닿는 면의 눈의 수의 합이 11이므로

$㉠+㉡=11$에서 $㉠=\boxed{}$이므로 $㉡=11-\boxed{}=\boxed{}$

❸ 주사위에서 마주 보는 두 면의 눈의 수의 합이 7이므로

$㉢=7-㉡$, $㉢=7-\boxed{}=\boxed{}$

답 _____

예제✓ 오른쪽 그림과 같이 마주 보는 두 면의 눈의 수의 합이 7인 주사위 2개를 서로 맞닿는 면의 눈의 수의 합이 12가 되도록 쌓았습니다. 바닥과 맞닿는 면의 주사위의 눈의 수는 얼마일까요?

(   )

>> 정답 및 풀이 47쪽

07-1
변형

오른쪽 그림과 같이 마주 보는 두 면의 눈의 수의 합이 7인 주사위 3개를 서로 맞닿는 면의 눈의 수의 합이 6이 되도록 쌓았습니다. 바닥과 맞닿는 면의 주사위의 눈의 수는 얼마일까요?

(   )

07-2
변형

해윤이는 마주 보는 두 면의 눈의 수의 합이 7인 주사위 3개를 오른쪽 그림과 같이 서로 맞닿는 면의 눈의 수의 합이 9가 되도록 쌓았습니다. 바닥과 맞닿는 면의 주사위의 눈의 수는 얼마일까요?

(   )

5

직육면체

07-3
발전

1부터 6까지의 눈이 그려져 있고, 마주 보는 두 면의 눈의 수의 합이 7인 주사위 2개를 오른쪽 그림과 같이 놓았습니다. 바닥을 포함하여 겉면의 눈의 수의 합이 가장 작게 되는 경우의 합은 얼마일까요?

(   )

전개도를 접었을 때 만나는 꼭짓점을 찾아 선을 그어 보자.

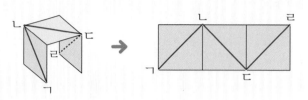

대표 유형 08

직육면체의 면에 왼쪽과 같이 선을 그었습니다. 오른쪽 직육면체의 전개도에 선이 지나간 자리를 그려 보세요.

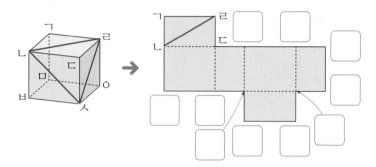

풀이

❶ 위 전개도에 각 꼭짓점을 표시해 봅니다.

❷ 위 전개도에 선이 지나간 자리를 그려 넣습니다.

(예제) 직육면체의 면에 왼쪽과 같이 선을 그었습니다. 오른쪽 직육면체의 전개도에 선이 지나간 자리를 그려 보세요.

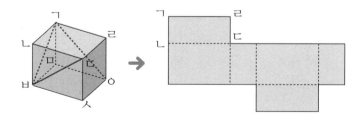

>> 정답 및 풀이 **48**쪽

08-1 직육면체의 면에 왼쪽과 같이 선을 그었습니다. 오른쪽 직육면체의 전개도에 선이 지나간 자
변형 리를 그려 보세요.

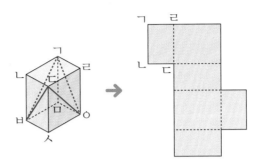

08-2 왼쪽 그림과 같이 직육면체의 전개도에 선을 그었습니다. 이 전개도를 접어서 만든 오른쪽
변형 직육면체의 겨냥도에 선이 지나간 자리를 그려 넣으세요.

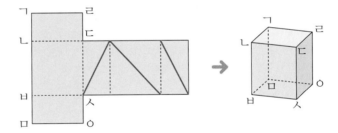

5

직육면체

08-3 직육면체의 면에 왼쪽과 같이 선을 그었습니다. 오른쪽 직육면체의 전개도에 선이 지나간 자
발전 리를 그려 보세요.

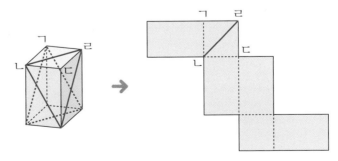

🎯 대표 유형 01

01 오른쪽 직육면체의 겨냥도에서 보이는 모서리의 길이의 합은 117 cm입니다. 이 직육면체의 모든 모서리의 길이의 합은 몇 cm일까요?

Tip 🔼

직육면체에서 길이가 같은 모서리는 각각 4개씩 3쌍 있습니다.

풀이

답 _____

🎯 대표 유형 03

02 직육면체의 전개도를 접었을 때 면 ㄱㄴㄷㅎ과 만나지 않는 면의 네 변의 길이의 합은 몇 cm일까요?

Tip 🔼

직육면체에서 평행한 두 면은 만나지 않습니다.

풀이

답 _____

◎ 대표 유형 **02**

03 다음 그림에서 색칠한 면이 정육면체 전개도의 일부일 때 나머지 면이 될 수 있는 곳은 모두 몇 개일까요?

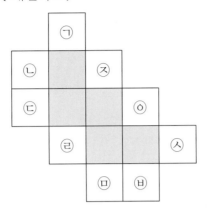

Tip
전개도를 접어서 겹치는 면이 없어야 합니다.

풀이

답 _____

◎ 대표 유형 **04**

04 길이가 300 cm인 끈으로 오른쪽 그림과 같이 직육면체 모양의 상자를 각 방향으로 한 바퀴씩 둘러 묶었습니다. 매듭으로 사용한 끈의 길이가 25 cm일 때 상자를 묶고 남은 끈의 길이는 몇 cm일까요?

22 cm
28 cm
34 cm

Tip
끈이 각 모서리의 길이와 같은 부분을 몇 번씩 지나갔는지 알아봅니다.

풀이

답 _____

5

직육면체

🎯 대표 유형 **05**

05 왼쪽 전개도를 접어서 만든 정육면체를 찾아 기호를 써 보세요. (단, 무늬의 방향은 생각하지 않습니다.)

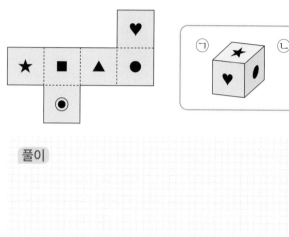

풀이

답 _____

🎯 대표 유형 **06**

06 주사위의 눈은 1부터 6까지 그려져 있고 서로 평행한 두 면의 눈의 수의 합은 7입니다. 주사위의 전개도에서 ㉠, ㉡은 각각 기호가 쓰여진 면에 들어갈 눈의 수입니다. ㉠과 ㉡의 차가 가장 클 경우의 ㉠, ㉡을 구하세요.

Tip
주사위에서 ㉠이 쓰여진 면과 평행한 면을 찾아 ㉠을 먼저 구합니다.

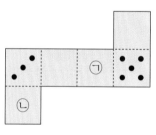

풀이

답 ㉠: _____ , ㉡: _____

07 직육면체의 면에 왼쪽과 같이 선을 그었습니다. 오른쪽 직육면체의 전개도에 선이 지나간 자리를 그려 보세요.

◎ 대표 유형 **08**

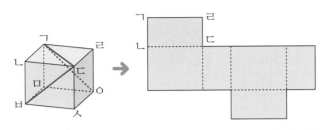

Tip
전개도에 각 꼭짓점을 표시해 봅니다.

풀이

---

08 오른쪽 직사각형 모양의 종이에서 색칠한 부분을 잘라 내고 남은 종이로 직육면체의 전개도를 만들었습니다. 전개도를 접어서 만든 직육면체의 모든 모서리의 길이의 합은 몇 cm일까요?

◎ 대표 유형 **01**

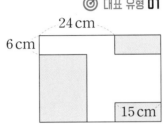

Tip
점선을 그어 면이 6개가 되도록 전개도를 완성하고 모서리의 길이를 알아봅니다.

풀이

답 _____

5

직육면체

09 마주 보는 두 면의 눈의 수의 합이 7인 주사위 3개를 오른쪽과 같이 쌓았습니다. 서로 맞닿는 면의 눈의 수의 합이 8일 때 빗금 친 면에 들어갈 수 있는 눈의 수를 모두 구하세요.

◎ 대표 유형 **07**

Tip
빗금 친 면과 수직으로 만나는 면에 들어갈 눈의 수를 먼저 구합니다.

풀이

답 _____

6

평균과 가능성

평균 구하기

● **평균**: 자료의 값을 모두 더해 자료의 수로 나눈 값

$$(평균)＝(자료의 값의 합)÷(자료의 수)$$

● **평균 구하기**

예 칭찬 붙임딱지 수의 평균 구하기

칭찬 붙임딱지 수

이름	성하	채윤	하임	희서
칭찬 붙임딱지 수(장)	37	35	30	34

(칭찬 붙임딱지 수의 평균)＝(37＋35＋30＋34)÷4

＝34(장)　└ 자료의 값의 합　└ 자료의 수

01 지호의 제기차기 기록을 나타낸 표입니다. 지호의 제기차기 기록의 평균을 구하세요.

지호의 제기차기 기록

회	1회	2회	3회	4회
제기차기 기록(번)	17	20	15	24

(　　　　　　　)

02 예서가 운동한 시간을 나타낸 표입니다. 예서가 운동한 시간의 평균을 구하세요.

예서가 운동한 시간

날짜	첫째 날	둘째 날	셋째 날	넷째 날
운동한 시간(분)	48	52	30	34

(　　　　　　　)

03 은별이네 모둠 5명이 가지고 있는 책 수는 다음과 같습니다. 책을 평균보다 더 많이 가지고 있는 사람을 모두 찾아 이름을 써 보세요.

가지고 있는 책 수

이름	은별	희서	지은	이든	윤채
책 수(권)	9	6	7	10	8

(   )

04 리하네 모둠과 은후네 모둠의 줄넘기 기록을 나타낸 표입니다. 줄넘기 기록의 평균이 더 높은 모둠은 누구네 모둠일까요?

리하네 모둠 줄넘기 기록

이름	리하	민성	시현	승준
횟수(회)	47	44	43	46

은후네 모둠 줄넘기 기록

이름	은후	서준	채윤	민재
횟수(회)	48	40	43	45

(   )

활용 개념 **1** **평균 이용하기**

평균이 주어졌을 때 자료의 값의 합 구하기

(자료의 값의 합)=(평균)×(자료의 수)

예 지아네 모둠 4명이 한 달 동안 읽은 책 수의 평균이 9권이라면
4명이 읽은 책 수의 합은 $9 \times 4 = 36$(권)입니다.

05 남학생 5명의 100 m 달리기 기록의 평균은 18초, 여학생 5명의 100 m 달리기 기록의 평균은 24초입니다. 남학생과 여학생 10명의 100 m 달리기 기록의 평균을 구하세요.

(   )

6

평균과 가능성

일이 일어날 가능성

● **가능성**: 어떠한 상황에서 특정한 일이 일어나길 기대할 수 있는 정도

일 \ 가능성	불가능하다	반반이다	확실하다
일요일 다음 날은 월요일일 것입니다.			○
동전을 한 번 던지면 그림면이 나올 것입니다.		○	
오늘이 5월 31일이면 내일은 6월 2일입니다.	○		

● 일이 일어날 가능성을 수로 나타내기

불가능하다 → 0 반반이다 → $\dfrac{1}{2}$ 확실하다 → 1

01 상자 안에 빨간색 공 1개와 파란색 공 1개가 들어 있습니다. 물음에 답하세요.

(1) 상자에서 공 한 개를 꺼냈을 때, 꺼낸 공이 노란색일 가능성을 수로 나타내 보세요.

( )

(2) 상자에서 공 한 개를 꺼냈을 때, 꺼낸 공이 파란색일 가능성을 수로 나타내 보세요.

( )

>> 정답 및 풀이 **51**쪽

02 일이 일어날 가능성이 확실한 것을 찾아 기호를 써 보세요.

> ㉠ 1과 5를 더하면 7이 될 거야.
> ㉡ 동전을 한 번 던지면 숫자면이 나올 거야.
> ㉢ 오늘은 화요일이니까 내일은 수요일이야.

(   )

03 노란색 구슬 3개, 보라색 구슬 2개, 분홍색 구슬 1개가 들어 있는 상자에서 구슬을 1개 꺼낼 때 ☐ 안에 알맞은 수를 써넣으세요.

(1) 꺼낸 구슬이 노란색일 가능성을 수로 나타내면 ☐ 입니다.

(2) 꺼낸 구슬이 초록색일 가능성을 수로 나타내면 ☐ 입니다.

6

평균과 가능성

활용 개념 1 **확률** 중등 연계

- 경우의 수: 어떤 일이 일어날 수 있는 경우의 가짓수 또는 방법의 수

$$(확률) = \frac{(일이 \ 일어날 \ 경우의 \ 수)}{(모든 \ 경우의 \ 수)}$$

04 1부터 5까지 수가 적힌 수 카드 5장 중 한 장을 뽑을 때 설명이 맞으면 ○표, **틀리면** ×표 하세요.

(1) 짝수가 나올 확률은 $\frac{2}{5}$입니다. (   )

(2) 홀수가 나올 확률은 $\frac{2}{5}$입니다. (   )

(3) 숫자 3이 나올 확률은 $\frac{1}{5}$입니다. (   )

일이 일어날 가능성을 알아보자.

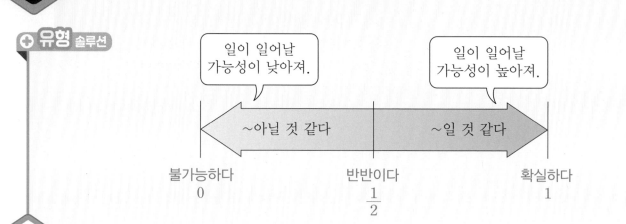

대표 유형 01

주머니 안에 1부터 10까지의 수가 적힌 수 카드가 10장 들어 있습니다. 주머니에서 수 카드 한 장을 꺼낼 때 일이 일어날 가능성이 높은 순서대로 기호를 써 보세요.

> ㉠ 수 카드의 수가 20이 나올 것입니다.
> ㉡ 수 카드의 수가 홀수로 나올 것입니다.
> ㉢ 수 카드의 수가 1 이상 10 이하로 나올 것입니다.

풀이

❶ ㉠에서 수 카드의 수가 20이 나올 수는 없으므로 일이 일어날 가능성은 (확실합니다 , 불가능합니다).

❷ ㉡에서 수 카드의 수 중 홀수는 1, 3, 5, 7, 9이므로 일이 일어날 가능성은 (반반입니다 , 확실합니다).

❸ ㉢에서 수 카드의 수 중 1 이상 10 이하는 1, 2, 3, 4, 5, 6, 7, 8, 9, 10이므로 일이 일어날 가능성은 (확실합니다 , 불가능합니다).

❹ 일이 일어날 가능성이 큰 순서대로 기호를 쓰면 ▢, ▢, ▢입니다.

답 _____

예제 눈의 수가 1부터 6까지인 주사위를 한 번 굴렸을 때 일이 일어날 가능성이 높은 순서대로 기호를 써 보세요.

> ㉠ 주사위 눈의 수가 6보다 큰 수가 나올 것입니다.
> ㉡ 주사위 눈의 수가 짝수로 나올 것입니다.
> ㉢ 주사위 눈의 수가 6 이하로 나올 것입니다.

( )

01-1 4장의 수 카드 2, 4, 6, 8 중 한 장을 뽑으려고 합니다. 일이 일어날 가능성이
변형 낮은 순서대로 기호를 써 보세요.

> ㉠ 수 카드의 수가 7일 가능성
> ㉡ 수 카드의 수가 짝수가 나올 가능성
> ㉢ 수 카드의 수가 5보다 작을 가능성
> ㉣ 수 카드의 수가 3의 배수가 나올 가능성

( )

01-2 1부터 9까지의 수가 적힌 수 카드 9장 중에서 한 장을 뽑았을 때 ㉠+㉡의 값을 구하세요.
발전

> • 수 카드의 수가 홀수로 나올 가능성을 수로 나타내면 ㉠입니다.
> • 수 카드의 수가 4 이하로 나올 가능성을 수로 나타내면 ㉡입니다.

( )

6

평균과 가능성

전체를 1이라 하고 색칠한 부분을 분수로 나타내자.

회전판을 돌렸을 때 일이 일어날 가능성을 수로 나타낼 때, '불가능하다'이면 0, '반반이다'이면 $\frac{1}{2}$, '확실하다'이면 1로 표현합니다.

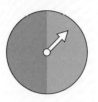

회전판을 돌렸을 때 ├ 화살이 **빨간색**에 멈출 가능성: $\frac{1}{2}$

├ 화살이 **파란색**에 멈출 가능성: $\frac{1}{2}$

└ 화살이 **보라색**에 멈출 가능성: **0**

대표 유형 02

회전판을 돌렸을 때 화살이 빨간색에 멈출 가능성이 가장 높은 것을 찾아 기호를 써 보세요.

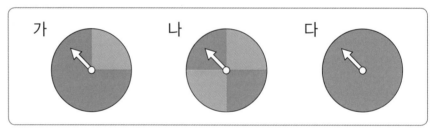

가 나 다

풀이

❶ 가에서 화살이 빨간색에 멈출 가능성을 분수로 나타내면 $\dfrac{\boxed{}}{4}$입니다.

❷ 나에서 화살이 빨간색에 멈출 가능성을 분수로 나타내면 $\dfrac{\boxed{}}{4}$입니다.

❸ 다에서 화살이 빨간색에 멈출 가능성은 $\dfrac{4}{4}=\boxed{}$입니다.

❹ 따라서 화살이 빨간색에 멈출 가능성이 가장 높은 것은 $\boxed{}$입니다.

답 _____

예제✔ 회전판을 돌렸을 때 화살이 파란색에 멈출 가능성이 가장 낮은 것을 찾아 기호를 써 보세요.

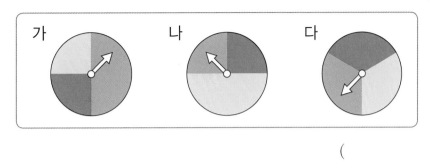

( )

02-1
변형
회전판을 돌렸을 때 화살이 분홍색에 멈출 가능성이 높은 회전판부터 차례대로 기호를 써 보세요.

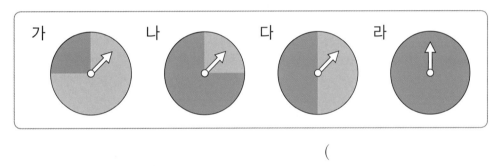

( )

02-2
발전
조건 에 알맞은 회전판이 되도록 색칠해 보세요.

조건
• 화살이 빨간색에 멈출 가능성이 가장 높습니다.
• 화살이 노란색에 멈출 가능성은 파란색에 멈출 가능성의 3배입니다.

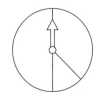

6

평균과 가능성

전체 자료의 값의 합을 먼저 구하자.

+유형 솔루션

• 평균을 이용하여 모르는 자료의 값 구하기

예 준호네 학교 5학년 학생 수 구하기

준호네 학교 학생 수

학년	1	2	3	4	5	6	평균
학생 수(명)	132	134	139	135		136	135

① 평균을 이용하여 전체 자료의 값의 합을 구합니다.

(전체 학생 수)=135×6=810(명)

② 전체 자료의 값의 합에서 아는 자료의 값의 합을 빼서 모르는 자료의 값을 구합니다.

(5학년 학생 수)=810−(132+134+139+135+136)
            =134(명)

대표 유형 03

어느 지역의 마을별 감자 생산량을 나타낸 표입니다. 라 마을의 감자 생산량은 몇 kg일까요?

마을별 감자 생산량

마을	가	나	다	라	마	평균
생산량(kg)	574	820	785		934	770

풀이

❶ 전체 감자 생산량의 합은

　　　　× 5 ＝　　　　(kg)입니다.

❷ 가, 나, 다, 마 마을의 감자 생산량의 합은

574＋820＋785＋934＝　　　　(kg)이므로

라 마을의 감자 생산량은

　　　　−　　　　＝　　　　(kg)입니다.

답 _____

>> 정답 및 풀이 **53**쪽

예제 마을별 양파 생산량을 나타낸 표입니다. 마을별 양파 생산량의 평균이 530 kg일 때 다 마을의 양파 생산량은 몇 kg일까요?

마을별 양파 생산량

마을	가	나	다	라	마
생산량(kg)	500	550		470	520

( )

03-1 **변형** 윤주의 단원평가 점수를 나타낸 표입니다. 1단원부터 5단원까지 단원평가 점수의 평균이 84점일 때 5단원의 단원평가는 몇 점일까요?

윤주의 단원평가 점수

단원	1단원	2단원	3단원	4단원	5단원
점수(점)	76	88	80	84	

( )

03-2 **발전** 농장별 사슴 수를 조사하여 나타낸 표입니다. 네 농장의 사슴 수의 평균이 68마리이고 가 농장의 사슴 수는 라 농장보다 12마리 더 많습니다. 라 농장의 사슴은 몇 마리일까요?

농장별 사슴 수

농장	가	나	다	라
사슴 수(마리)		84	72	

( )

6

평균과 가능성

부분의 평균을 먼저 구하자.

㉠	㉡	㉢
24	36	

㉢이 ㉠과 ㉡의 평균보다 8만큼 더 클 때 ㉢=?

(㉠과 ㉡의 평균)=(24+36)÷2=30

➔ ㉢=30+8=38

대표 유형
04

하준, 재민, 채윤 세 명의 친구들이 방학 동안 읽은 책 수를 나타낸 표입니다. 채윤이가 읽은 책 수는 두 사람이 읽은 책 수의 평균보다 6권 더 적습니다. 채윤이가 방학 동안 읽은 책은 몇 권일까요?

방학 동안 읽은 책 수

이름	하준	재민	채윤
책 수(권)	28	36	

풀이

❶ (하준이와 재민이가 읽은 책 수의 평균)=(28+ ⬚)÷ ⬚

=64÷ ⬚ = ⬚ (권)

❷ (채윤이가 읽은 책 수)= ⬚ −6= ⬚ (권)

답 _____

예제 어느 가게에서 주별 팔린 아이스크림 개수를 나타낸 표입니다. 2주에 팔린 아이스크림 개수는 1주와 3주에 팔린 아이스크림 개수의 평균보다 36개 더 적습니다. 2주에 팔린 아이스크림은 몇 개일까요?

주별 팔린 아이스크림 개수

주	1주	2주	3주
아이스크림 개수(개)	196		452

( )

>> 정답 및 풀이 53~54쪽

04-1 어느 마을의 월별 관광객 수를 나타낸 표입니다. 5월 관광객 수는 나머지 2달 동안의 관광객 수의 평균보다 186명 더 많습니다. 3개월 동안의 월별 관광객 수의 평균은 몇 명일까요?

변형

월별 관광객 수

월	3월	4월	5월
관광객 수(명)	258	346	

(   )

04-2 4명의 친구들이 방학 동안 모은 칭찬 붙임딱지 수를 나타낸 표입니다. 이든이가 모은 칭찬 붙임딱지 수는 나머지 3명이 모은 딱지 수의 평균보다 8개 더 적습니다. 4명이 방학 동안 모은 칭찬 붙임딱지 수의 평균은 몇 개일까요?

변형

모은 칭찬 붙임딱지 수

이름	성우	이든	시환	민영
칭찬 붙임딱지 수(개)	20		24	19

(   )

04-3 반별로 모은 종이류 재활용 쓰레기의 무게를 나타낸 표입니다. 2반에서 모은 무게는 나머지 3개 반에서 모은 무게의 평균보다 4 kg 더 무겁습니다. 2반에서 모은 무게와 4개 반에서 모은 평균 무게의 차는 몇 kg일까요?

발전

반별 모은 종이류 재활용 쓰레기의 무게

반	1반	2반	3반	4반
무게(kg)	27		36	33

(   )

구할 수 있는 자료의 평균을 먼저 구하자.

유형 솔루션

가 모둠과 나 모둠의 줄넘기 기록의 평균이 같을 때 준서의 기록은?

❶ 가 모둠의 평균을 먼저 구합니다.

가 모둠의 줄넘기 기록

이름	예준	하음	시윤
기록(번)	100	95	93

(평균)=(100+95+93)÷3
   =288÷3
   =96(번)

❷ 나 모둠에서 준서의 기록을 구합니다.

나 모둠의 줄넘기 기록

이름	지안	예음	준서
기록(번)	88	97	

(전체 기록의 합)=96×3=288(번)
(준서의 기록)=288-(88+97)
     =103(번)

대표 유형 05

민재와 희서의 윗몸 말아 올리기 기록을 나타낸 표입니다. 두 사람의 윗몸 말아 올리기 기록의 평균이 같을 때 희서는 4회에 윗몸 말아 올리기를 몇 번 했을까요?

민재의 윗몸 말아 올리기 기록

회	1회	2회	3회	4회
기록(번)	46	88	52	62

희서의 윗몸 말아 올리기 기록

회	1회	2회	3회	4회	5회
기록(번)	40	48	78		57

풀이

❶ 민재의 윗몸 말아 올리기 기록의 평균은

$(46+88+52+62)÷$ ☐ $=$ ☐ (번)입니다.

❷ 민재와 희서의 윗몸 말아 올리기 기록의 평균이 같으므로 희서의 윗몸 말아 올리기 기록의 합은

☐ $×5=$ ☐ (번)입니다.

❸ 희서의 4회에 윗몸 말아 올리기 기록은

☐ $-(40+48+78+57)=$ ☐ (번)입니다.

답 _____

예제✔ 하율이와 시우의 제기차기 기록을 나타낸 표입니다. 두 사람의 제기차기 기록의 평균이 같을 때 하율이는 5회에 제기차기를 몇 개 했을까요?

하율이의 제기차기 기록

회	1회	2회	3회	4회	5회
기록(개)	21	32	29	40	

시우의 제기차기 기록

회	1회	2회	3회	4회
기록(개)	30	32	35	39

( )

05-1

변형

효주네 모둠과 시안이네 모둠이 지난 주말에 운동한 시간을 나타낸 표입니다. 두 모둠의 운동 시간의 평균이 같을 때, 하음이의 운동 시간은 몇 분인지 구하세요.

효주네 모둠의 운동 시간

이름	운동 시간(분)
효주	45
도진	64
준서	50

시안이네 모둠의 운동 시간

이름	운동 시간(분)
시안	50
유진	45
하음	
서연	55

( )

05-2

발전

은원이네 모둠과 수창이네 모둠 학생들이 자전거를 탄 시간을 나타낸 것입니다. 두 모둠의 자전거를 탄 시간의 평균이 같을 때 두 모둠에서 자전거를 1시간 이상 탄 학생은 모두 몇 명일까요?

은원이네 모둠

55분 50분 ☐분 65분

수창이네 모둠

67분 46분 50분 57분 70분

( )

6

평균과 가능성

바뀐 평균을 이용해 자료의 값을 먼저 구하자.

➕ 유형 솔루션

새로운 회원 한 명이 더 들어와서 나이의 평균이 한 살 늘어났을 때 새로운 회원의 나이 구하기

연극 동아리 회원의 나이

이름	준하	하윤	세희	윤서
나이(살)	12	15	13	16

문제해결순서 ❶ (회원 4명의 나이의 평균)=$(12+15+13+16)÷4=14$(살)

❷ (새로운 회원이 들어왔을 때 나이의 합)=$(14+1)×5=75$(살)

❸ (새로운 회원의 나이)=$75-(12+15+13+16)=19$(살)

대표 유형
06

어느 영화 모임 회원의 나이를 나타낸 표입니다. 새로운 회원 한 명이 더 들어와서 모임 회원의 나이의 평균이 한 살 줄었다면 새로운 회원의 나이는 몇 살인지 구하세요.

영화 모임 회원의 나이

이름	나윤	예서	민진	하연
나이(살)	19	14	18	17

풀이

❶ 새로운 회원이 들어오기 전의 영화 모임 회원 4명의 나이의 평균은

$(19+14+18+17)÷4=$ ☐ $÷$ ☐ $=$ ☐ (살)입니다.

❷ 새로운 회원이 들어왔을 때 영화 모임 회원의 나이의 평균은

☐ $-1=$ ☐ (살)이고

새로운 회원이 들어왔을 때 5명의 나이의 합은 ☐ $×5=$ ☐ (살)입니다.

❸ 새로운 회원의 나이는

☐ $-(19+14+18+17)=$ ☐ (살)입니다.

답 _____

>> 정답 및 풀이 **55**쪽

예제 농구 동아리 회원의 나이를 나타낸 표입니다. 새로운 회원 한 명이 더 들어와서 동아리 회원의 나이의 평균이 한 살 늘어났습니다. 새로운 회원의 나이는 몇 살일까요?

농구 동아리 회원의 나이

이름	성주	재민	하임	시은
나이(살)	18	14	15	13

(   )

06-1
변형 하람이네 모둠 학생들의 몸무게를 나타낸 표입니다. 하람이네 모둠에 성현이가 들어와서 몸무게의 평균이 2 kg 늘었습니다. 성현이의 몸무게는 몇 kg일까요?

하람이네 모둠 학생들의 몸무게

이름	하람	정현	민아	종혁
몸무게(kg)	41	47	38	42

(   )

06-2
발전 은성이의 1월부터 4월까지 월별 수학 시험 점수를 나타낸 것입니다. 1월부터 5월까지 수학 시험 점수의 평균이 92점 이상이 되어야 교내 수학 경시대회에 참가할 수 있습니다. 은성이가 교내 수학 경시대회에 참가하려면 5월에 최소한 몇 점을 받아야 할까요?

88 96 88 92

(   )

6

평균과 가능성

🎯 대표 유형 **01**

01 4장의 수 카드 , 3 , 5 , 7 중 한 장을 뽑았을 때 일이 일어날 가능성이 높은 순서대로 기호를 써 보세요.

> ㉠ 수 카드의 수가 7일 가능성
> ㉡ 수 카드의 수 홀수가 나올 가능성
> ㉢ 수 카드의 수가 5보다 작을 가능성
> ㉣ 수 카드의 수가 4의 배수가 나올 가능성

풀이

답

🎯 대표 유형 **02**

02 조건 에 알맞은 회전판이 되도록 색칠해 보세요.

> **Tip** 🎲
> 멈출 가능성이 가장 높은 색을 가장 넓은 곳에 칠합니다.

조건
• 화살이 초록색에 멈출 가능성이 가장 높습니다.
• 화살이 보라색에 멈출 가능성은 분홍색에 멈출 가능성의 2배입니다.

풀이

>> 정답 및 풀이 **55~56**쪽

◎ 대표 유형 **03**

03 시우의 윗몸 말아 올리기 기록을 나타낸 표입니다. 1회부터 5회까지 윗몸 말아 올리기 기록의 평균이 24번일 때 5회의 윗몸 말아 올리기 기록은 몇 번일까요?

시우의 윗몸 말아 올리기 기록

회	1회	2회	3회	4회	5회
기록(번)	22	16	18	28	

풀이

답 _____

Tip

1회부터 5회까지 기록의 합이 몇 번인지 구한 후 1회부터 4회 까지 기록의 합을 뺍니다.

◎ 대표 유형 **03**

04 하율이의 제자리 멀리뛰기 기록을 나타낸 표입니다. 1회부터 5회까지 하율이의 제자리 멀리뛰기 기록의 평균이 164 cm일 때, 하율이의 기록이 가장 좋았을 때는 몇 회일까요?

하율이의 제자리 멀리뛰기 기록

회	1회	2회	3회	4회	5회
기록(cm)	157	163	174		169

풀이

답 _____

Tip

평균을 이용하여 4회 기록을 먼저 구합니다.

◎ 대표 유형 **04**

05 4명의 학생들이 방학 동안 읽은 책 수를 나타낸 표입니다. 희서가 읽은 책 수는 나머지 3명이 읽은 책 수의 평균보다 4권 더 많습니다. 4명이 방학 동안 읽은 책 수의 평균은 몇 권일까요?

방학 동안 읽은 책 수

이름	민성	윤건	희서	예은
책 수(권)	14	15		19

풀이

답 _____

6

평균과 가능성

🎯 대표 유형 **05**

06 예서네 모둠과 시우네 모둠이 지난 주말에 운동한 시간을 나타낸 표입니다. 두 모둠의 운동 시간의 평균이 같을 때, 승희의 운동 시간은 몇 분인지 구하세요.

Tip 🔼

예서네 모둠의 운동 시간의 평균을 이용하여 시우네 모둠의 운동 시간의 합을 구합니다.

예서네 모둠의 운동 시간

이름	운동 시간(분)
예서	44
지후	65
재민	47

시우네 모둠의 운동 시간

이름	운동 시간(분)
시우	48
승희	
하은	51
채윤	55

풀이

답 _____

🎯 대표 유형 **06**

07 재은이네 모둠 학생들의 몸무게를 나타낸 표입니다. 재은이네 모둠에 정수가 들어와서 몸무게의 평균이 2 kg 줄었습니다. 정수의 몸무게는 몇 kg일까요?

Tip 🔼

정수가 들어오기 전 4명의 몸무게의 평균을 먼저 구합니다.

재은이네 모둠 학생들의 몸무게

이름	재은	정호	민주	윤재
몸무게(kg)	40	47	38	43

풀이

답 _____

08 반별 모은 헌 옷의 무게를 나타낸 표입니다. 3반에서 모은 헌 옷의 무게는 나머지 3개 반에서 모은 헌 옷 무게의 평균보다 4 kg 더 가볍습니다. 3반에서 모은 헌 옷의 무게와 4개 반에서 모은 헌 옷의 평균 무게의 차는 몇 kg일까요?

🎯 대표 유형 **04**

Tip 👆

3반을 제외한 나머지 3개 반에서 모은 헌 옷의 무게의 평균을 이용하여 3반에서 모은 헌 옷의 무게를 구합니다.

반별 모은 헌 옷의 무게

반	1반	2반	3반	4반
무게(kg)	38	33		46

풀이

답 _____

6

평균과 가능성

🎯 대표 유형 **06**

09 시환이의 1단원부터 5단원까지 단원별 수학 시험 점수를 나타낸 것입니다. 6단원까지 수학 시험 점수의 평균이 94점 이상이 되어야 교내 수학 경시대회에 참가할 수 있습니다. 시환이가 교내 수학 경시대회에 참가하려면 6단원 수학 시험에서 최소한 몇 점을 받아야 할까요?

98 96 88 92 91

풀이

답 _____

MEMO

이쯤에서
실력
체크

수학 단원평가

각종 학교 시험, 한 권으로 끝내자!
수학 단원평가
초등 1~6학년(학기별)

쪽지시험, 단원평가, 서술형 평가 등 다양한 수행평가에 맞는 최신 경향의 문제 수록
A, B, C 세 단계 난이도의 단원평가로 실력을 점검하고 부족한 부분을 빠르게 보충 가능
기본 개념 문제로 구성된 쪽지시험과 단원평가 5회분으로 확실한 단원 마무리

상위권 진입비결

최고수준 S

복습책

초등

BOOK 2 **5-2**

상위권 진입 비결

최고수준
S

상위권 진입비결

최고수준 S 복습책

5-2

1. 수의 범위와 어림하기

본문 '유형 변형'의 반복학습입니다.

1

대표 유형 01

세 수의 범위에 공통으로 포함되는 자연수는 모두 몇 개일까요?

> • 27 초과인 수
> • 36 미만인 수
> • 32 이상 43 이하인 수

( )

2

대표 유형 02

㉠과 ㉡이 두 자리 수일 때, ㉠에 들어갈 수 있는 자연수 중 가장 큰 수를 구하세요.

> ㉠ 이상 ㉡ 미만인 자연수는 모두 6개입니다.

( )

3

대표 유형 03

서지네 가족은 서울에서 부산까지 기차를 타고 가려고 합니다. 서지네 가족이 모두 KTX를 탈 때와 무궁화호를 탈 때의 요금은 각각 얼마일까요?

서지네 가족의 나이

가족	할아버지	아버지	어머니	서지
나이(세)	67	36	32	12

기차 이용 요금표

구분	어린이	청소년/어른	경로
KTX 요금(원)	29900	59800	41900
무궁화호 요금(원)	14300	28600	20000

• 어린이: 7세 이상 13세 이하   • 청소년/어른: 14세 이상 65세 미만
• 경로: 65세 이상

KTX를 탈 때 ( )
무궁화호를 탈 때 ( )

4

대표 유형 04

해승이네 학교 5학년 학생들이 체험 학습을 가려면 정원이 30명인 버스가 적어도 6대 필요합니다. 학생 한 명에게 주스를 2병씩 나누어 주려면 준비해야 하는 주스는 몇 병 이상 몇 병 이하일까요?

(   )

5

대표 유형 05

승연이와 지성이는 37500원짜리 지갑을 1개씩 사려고 합니다. 지갑값을 승연이는 10000원짜리, 지성이는 1000원짜리 지폐로만 내려고 합니다. 두 사람이 내야 할 지폐 수의 합은 최소 몇 장일까요?

(   )

6

대표 유형 06

식빵 한 개를 만드는 데 밀가루가 250 g 필요합니다. 마트에서 한 봉지에 1 kg씩 들어 있는 밀가루를 2700원에 팔고 있습니다. 똑같은 식빵 30개를 만들기 위해 밀가루를 사려면 필요한 돈은 최소 얼마일까요?

(   )

7

다음 다섯 자리 수를 올림하여 천의 자리까지 나타낸 수와 반올림하여 천의 자리까지 나타낸 수가 같습니다. 어림하기 전의 수가 될 수 있는 다섯 자리 수 중 가장 작은 수와 가장 큰 수를 각각 구하세요.

$$48 \bullet \blacksquare 1$$

가장 작은 수 (   )

가장 큰 수 (   )

8

올림하여 십의 자리까지 나타내면 290이고, 버림하여 십의 자리까지 나타내면 280이 되는 자연수는 모두 몇 개일까요?

(   )

9

4장의 수 카드를 두 번씩 사용하여 6000만에 가장 가까운 여덟 자리 수를 만들었습니다. 만든 여덟 자리 수를 반올림하여 만의 자리까지 나타내 보세요.

$$\boxed{1} \quad \boxed{4} \quad \boxed{5} \quad \boxed{6}$$

(   )

1 두 수의 범위에 공통으로 포함되는 자연수를 모두 구하세요.

> · 34 이상 39 미만인 수
> · 36 초과 41 이하인 수

( )

2 승아는 2500원짜리 붙임 딱지 한 장과 6300원짜리 장난감 한 개를 샀습니다. 1000원짜리 지폐로만 낸다면 최소 얼마를 내야 할까요?

( )

3 한별이는 택배를 보내려고 합니다. 무게를 재어 보니 배추는 4 kg이고, 무는 배추보다 2 kg 더 무거웠습니다. 배추와 무를 각각 다른 곳으로 보낼 때 두 택배 요금의 합은 얼마일까요?

(단, 상자의 무게는 생각하지 않습니다.)

무게별 택배 요금

무게(kg)	금액(원)
5 이하	5000
5 초과 10 이하	8000
10 초과 20 이하	10000
20 초과 30 이하	12000

( )

4 반올림하여 백의 자리까지 나타내면 2400이 되는 수의 범위를 이상과 미만을 사용하여 수직선에 나타내 보세요.

5 수직선에 나타낸 수의 범위에 포함되는 5의 배수는 모두 4개입니다. ㉠에 들어갈 수 있는 자연수는 모두 몇 개인지 구하세요.

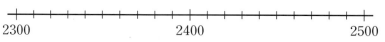

(   )

6 5장의 수 카드 중에서 3장을 골라 한 번씩 사용하여 세 자리 수를 만들려고 합니다. 만들 수 있는 수를 반올림하여 십의 자리까지 나타내면 320이 되는 수를 모두 써 보세요.

(   )

7 다음 다섯 자리 수를 버림하여 천의 자리까지 나타낸 수와 반올림하여 천의 자리까지 나타낸 수가 같습니다. ☐ 안에 들어갈 수 있는 수를 모두 구하세요.

$$82\boxed{}06$$

(   )

8 어느 지역 체육 대회의 참가자 수를 올림하여 백의 자리까지 나타냈더니 7400명이었습니다. 체육 대회 참가자 모두에게 생수를 2병씩 나누어 주려면 생수를 적어도 몇 병 준비해야 할까요?

(   )

9 아진이네 학교 5학년 학생들이 6명까지 앉을 수 있는 긴 의자에 모두 앉으려면 긴 의자가 적어도 40개 필요합니다. 아진이네 학교 5학년 학생은 몇 명 이상 몇 명 이하일까요?

(   )

10 5장의 수 카드를 한 번씩 모두 사용하여 70000에 가장 가까운 다섯 자리 수를 만들었습니다. 만든 다섯 자리 수를 반올림하여 백의 자리까지 나타내 보세요.

$$\boxed{3}\ \boxed{7}\ \boxed{9}\ \boxed{6}\ \boxed{0}$$

(   )

11 다음 조건을 만족하는 자연수는 모두 몇 개일까요?

> • 올림하여 십의 자리까지 나타내면 350입니다.
> • 버림하여 십의 자리까지 나타내면 340입니다.
> • 반올림하여 십의 자리까지 나타내면 340입니다.

(   )

12 선호는 풍선 155개를 사려고 합니다. ㉮ 문구점에서는 풍선을 10개씩 묶음으로만 팔고 한 묶음에 600원입니다. ㉯ 문구점에서는 풍선을 100개씩 묶음으로만 팔고 한 묶음에 5500원입니다. 풍선을 최소 묶음으로 살 때 어느 문구점에서 사는 것이 얼마나 돈이 적게 들까요?

(   ), (   )

2. 분수의 곱셈

>> 정답 및 풀이 **59**쪽

본문 '유형 변형'의 반복학습입니다.

1

☐ 안에 들어갈 수 있는 자연수를 모두 구하세요.

$$\frac{1}{35} < \frac{1}{6} \times \frac{1}{\square} < \frac{1}{15}$$

( )

2

1분에 각각 $1\frac{2}{5}$ km, $1\frac{9}{10}$ km의 빠르기로 달리는 두 자동차가 있습니다. 두 자동차가 각각 일정한 빠르기로 동시에 같은 장소에서 출발하여 반대 방향으로 5분 40초 동안 달렸을 때, 두 자동차 사이의 거리는 몇 km일까요?

( )

3

4장의 수 카드를 한 번씩만 사용하여 분수의 곱셈식을 만들려고 합니다. 계산 결과가 가장 클 때의 곱을 구하세요.

2 3 4 9 $\dfrac{\square}{\square} \times \square$

( )

4

한 변의 길이가 12 cm인 정사각형의 가로를 $\frac{2}{3}$ 만큼 늘이고, 세로를 $\frac{1}{4}$ 만큼 줄여서 직사각형을 만들었습니다. 만든 직사각형의 넓이는 몇 cm^2일까요?

( )

5 대표 유형 05
두 수직선을 각각 같은 간격으로 나눈 것입니다. ㉠에 알맞은 수를 구하세요.

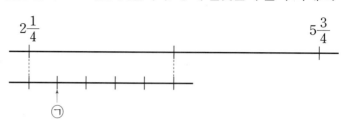

( )

6 대표 유형 06
두 식의 계산 결과는 모두 자연수입니다. ◻ 안에 공통으로 들어갈 수 있는 가장 작은 기약분수를 대분수로 나타내 보세요.

$$\frac{5}{14} \times \square \qquad \frac{15}{28} \times \square$$

( )

7 대표 유형 07
떨어진 높이의 $\frac{5}{6}$ 만큼 튀어 오르는 공이 있습니다. 이 공을 $36\,\text{m}$ 높이에서 떨어뜨렸을 때, 공이 세 번째로 땅에 닿을 때까지 움직인 전체 거리는 몇 m일까요?

(단, 공은 땅과 수직으로만 움직입니다.)

( )

8 대표 유형 08
현규는 가지고 있는 끈의 $\frac{4}{5}$ 를 사용하고, 나머지의 $\frac{2}{3}$ 를 친구에게 주었습니다. 남은 끈의 길이가 $20\,\text{cm}$일 때, 현규가 처음에 가지고 있던 끈은 몇 cm일까요?

( )

2. 분수의 곱셈

>> 정답 및 풀이 **59**쪽

본문 '실전 적용'의 반복학습입니다.

1 ☐ 안에 들어갈 수 있는 자연수 중에서 가장 큰 수를 구하세요.

$$\frac{1}{9} \times \frac{1}{\square} > \frac{1}{8} \times \frac{1}{7}$$

(   )

2 기약분수인 세 분수의 곱셈을 적은 종이의 일부분이 찢어져서 보이지 않습니다. 보이지 않는 부분의 분수를 구하세요.

$$\times 2\frac{2}{7} \times 1\frac{5}{8} = 1$$

(   )

3 6장의 수 카드를 한 번씩만 사용하여 3개의 진분수를 만들어 곱하려고 합니다. 계산 결과가 가장 작을 때의 곱을 구하세요.

$$\boxed{1} \quad \boxed{2} \quad \boxed{3} \quad \boxed{5} \quad \boxed{8} \quad \boxed{9}$$

(   )

4 떨어진 높이의 $\frac{4}{7}$ 만큼 튀어 오르는 공이 있습니다. 이 공을 35 m 높이에서 떨어뜨렸을 때, 두 번째로 튀어 오른 공의 높이는 몇 m일까요?

(   )

5 수직선에서 6과 27 사이를 9등분 하였습니다. ㉠에 알맞은 수를 대분수로 나타내 보세요.

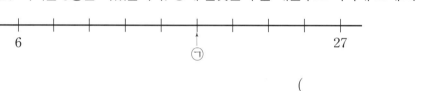

(   )

6 해인이는 9000원을 가지고 있습니다. 해인이는 가지고 있던 돈의 $\frac{1}{3}$ 로 필통을 사고, 나머지의 $\frac{5}{12}$ 로 가위를 샀습니다. 남은 돈은 얼마일까요?

(   )

7 가로가 24 cm, 세로가 20 cm인 직사각형의 가로를 $\frac{1}{4}$만큼 늘이고, 세로를 $\frac{1}{4}$만큼 줄여서 직사각형을 새로 만들었습니다. 새로 만든 직사각형의 넓이는 몇 cm² 일까요?

(   )

8 1분에 각각 $1\frac{2}{5}$ km, $1\frac{5}{8}$ km의 빠르기로 달리는 두 오토바이가 있습니다. 두 오토바이가 각각 일정한 빠르기로 동시에 같은 장소에서 출발하여 같은 방향으로 5분 20초 동안 달렸을 때, 두 오토바이 사이의 거리는 몇 km일까요?

(   )

9 주머니에 들어 있는 전체 구슬의 $\frac{2}{3}$는 노란색 구슬이고, 나머지의 $\frac{2}{5}$는 초록색 구슬입니다. 노란색과 초록색 구슬을 뺀 나머지 구슬이 6개일 때, 주머니에 들어 있는 전체 구슬은 모두 몇 개일까요?

(   )

10 떨어진 높이의 $\frac{3}{4}$만큼 튀어 오르는 공이 있습니다. 이 공을 20 m 높이에서 떨어뜨렸을 때, 공이 두 번째로 튀어 올랐을 때까지 움직인 전체 거리는 몇 m일까요?

(단, 공은 땅과 수직으로만 움직입니다.)

(   )

11 두 식의 계산 결과는 모두 자연수입니다. ☐ 안에 공통으로 들어갈 수 있는 가장 작은 기약분수를 대분수로 나타내 보세요.

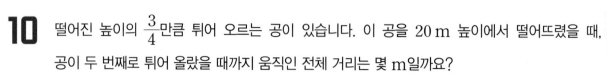

$$1\frac{3}{4}\times\square \qquad 2\frac{5}{8}\times\square$$

(   )

12 어떤 일을 지은이가 혼자서 하면 3시간이 걸리고, 규민이가 혼자서 하면 4시간이 걸립니다. 이 일을 두 사람이 함께 1시간 24분 동안 했다면 남은 일의 양은 전체의 몇 분의 몇인지 구하세요.

(단, 두 사람이 1시간 동안 하는 일의 양은 각각 일정합니다.)

(   )

본문 '유형 변형'의 반복학습입니다.

대표 유형 01

1 선대칭도형 가와 나의 대칭축의 개수의 차는 몇 개일까요?

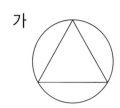
가

나

(   )

대표 유형 02

2 삼각형 ㄱㄴㄷ과 삼각형 ㄹㄴㅁ은 서로 합동입니다. 삼각형 ㄱㄴㄷ의 둘레가 30 cm일 때, 선분 ㄱㅁ의 길이는 몇 cm일까요?

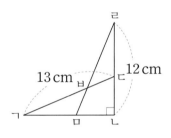

(   )

대표 유형 03

3 사다리꼴 ㄱㄴㄹㅁ에서 삼각형 ㄱㄴㄷ과 삼각형 ㄷㄹㅁ은 서로 합동입니다. 각 ㄱㅁㄷ의 크기는 몇 도일까요?

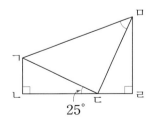

(   )

대표 유형 04

4 직선 ㅅㅇ을 대칭축으로 하는 선대칭도형입니다. 각 ㉠의 크기는 몇 도일까요?

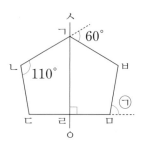

( )

대표 유형 05

5 점 ㅈ을 대칭의 중심으로 하는 점대칭도형입니다. 이 점대칭도형의 둘레가 102 cm일 때, 선분 ㄷㅈ의 길이는 몇 cm일까요?

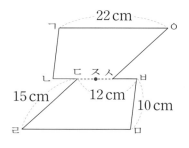

( )

대표 유형 06

6 점 ㅇ을 대칭의 중심으로 하는 점대칭도형을 완성하였더니 완성한 점대칭도형의 넓이가 168 cm²였습니다. 모눈 한 칸의 한 변의 길이는 몇 cm인지 구하세요.

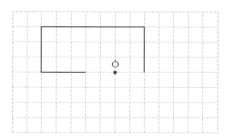

( )

대표 유형 07

오른쪽 사각형의 한 변을 대칭축으로 하는 선대칭도형을 만들었습니다.
만든 선대칭도형의 둘레가 가장 긴 때의 둘레를 구하세요.

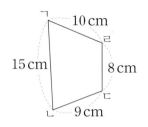

(   )

대표 유형 08

8

직사각형 모양의 종이를 접었습니다. 직사각형 ㄱㄴㄷㄹ의 넓이가 128 cm²일 때, 선분 ㅁㄷ의
길이는 몇 cm일까요?

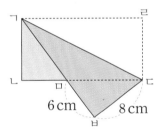

(   )

대표 유형 09

9

8008은 점대칭이 되는 수입니다. 다음 숫자를 사용하여 점대칭이 되는 네 자리 수를 만들려
고 합니다. 만들 수 있는 수는 모두 몇 개일까요? (단, 같은 숫자를 여러 번 사용할 수 있습니다.)

$$2\ 4\ 0\ 6\ 9$$

(   )

본문 '실전 적용'의 반복학습입니다.

1 대칭축의 개수가 가장 많은 선대칭도형을 찾아 기호를 써 보세요.

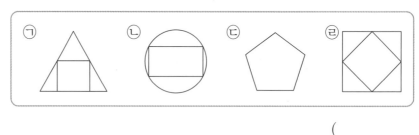

( )

2 오른쪽 그림에서 삼각형 ㄱㄴㄷ과 삼각형 ㅁㄹㄷ은 서로 합동입니다. 삼각형 ㄱㄴㄷ의 둘레는 몇 cm일까요?

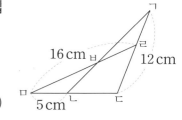

( )

3 점 ㅇ을 대칭의 중심으로 하는 점대칭도형을 완성하고, 완성한 점대칭도형의 넓이는 몇 cm²인지 구하세요.

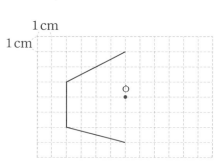

( )

4 오른쪽은 직선 ㅅㅇ을 대칭축으로 하는 선대칭도형입니다. 각 ㄹㅁㅂ 의 크기는 몇 도일까요?

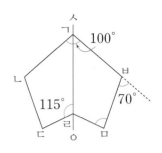

( )

5 변 ㄱㄴ과 변 ㄴㄷ을 각각 대칭축으로 하는 선대칭도형을 완성할 때, 완성한 선대칭도형의 둘레를 각각 구하세요.

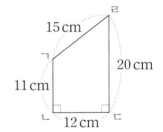

대칭축이 변 ㄱㄴ일 때 ( )
대칭축이 변 ㄴㄷ일 때 ( )

6 오른쪽은 점 ㅇ을 대칭의 중심으로 하는 점대칭도형의 일부분입니 다. 완성한 점대칭도형의 둘레가 36 cm일 때, 선분 ㄴㅇ의 길이는 몇 cm일까요?

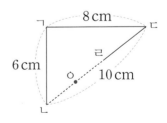

( )

7 오른쪽 그림과 같이 직사각형 모양의 종이를 접었습니다. 삼각형 ㄹㅂㄷ의 넓이가 120 cm²일 때, 직사각형 ㄱㄴㄷㄹ의 둘레는 몇 cm일까요?

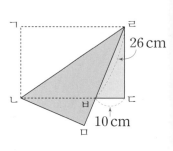

(   )

8 오른쪽 그림과 같이 삼각형 ㄱㄴㄷ을 서로 합동인 삼각형 4개로 나누었습니다. 각 ㄴㅁㅂ의 크기는 몇 도일까요?

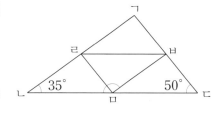

(   )

9 오른쪽 그림에서 삼각형 ㄱㄴㄷ과 삼각형 ㄱㄹㅁ은 서로 합동입니다. 각 ㄴㄷㄱ의 크기는 몇 도일까요?

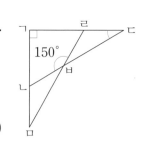

(   )

10 **2692**는 점대칭이 되는 수입니다. 다음 숫자를 사용하여 **2692**보다 작은 점대칭이 되는 네 자리 수를 만들려고 합니다. 만들 수 있는 수는 모두 몇 개일까요?

(단, 같은 숫자를 여러 번 사용할 수 있습니다.)

$$1\ 2\ 8\ 6\ 9$$

(   )

11 사각형 ㄱㄴㄷㅁ은 선분 ㄱㄷ을 대칭축으로 하는 선대칭도형이고, 삼각형 ㄱㄷㄹ은 선분 ㅁㄷ을 대칭축으로 하는 선대칭도형입니다. 각 ㄱㄷㄴ의 크기는 몇 도일까요?

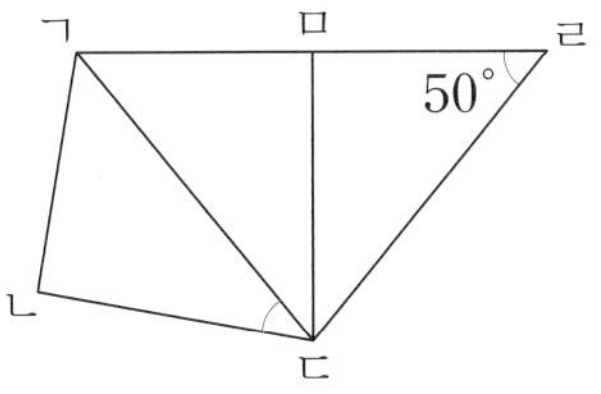

(   )

12 오른쪽은 직선 ㅁㅂ을 대칭축으로 하는 선대칭도형입니다. 이 도형의 넓이는 몇 cm^2일까요?

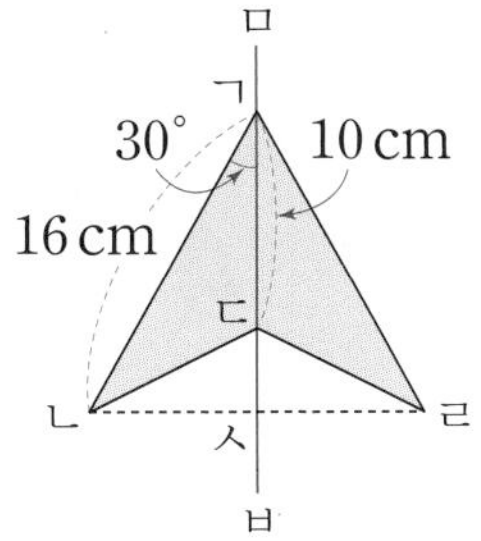

(   )

4. 소수의 곱셈

1

대표 유형 01

어떤 수에 2.7을 곱해야 할 것을 잘못하여 더했더니 26.4가 되었습니다. 바르게 계산한 값은 얼마일까요?

( )

2

대표 유형 02

☐ 안에 공통으로 들어갈 수 있는 자연수는 모두 몇 개일까요?

$$4.3 \times 2 < \square < 1.7 \times 14$$
$$13 \times 0.4 < \square < 7 \times 2.6$$

( )

3

대표 유형 03

가◈나를 가◈나＝가×나＋가로 약속할 때 7◈(4.9◈8)은 얼마일까요?

( )

4

대표 유형 04

길이가 12.7 cm인 색 테이프 17장을 그림과 같이 일정한 간격으로 겹치게 이어 붙였더니 전체 길이가 183.9 cm가 되었습니다. 색 테이프를 몇 cm씩 겹치게 붙였을까요?

12.7 cm ⋯⋯ 12.7 cm

⋯

( )

5

대표 유형 **05**

수 카드 $\boxed{3}$, $\boxed{5}$, $\boxed{6}$, $\boxed{9}$, $\boxed{7}$을 한 번씩 모두 사용하여 소수 두 자리 수와 소수 한 자리 수의 곱셈식을 만들려고 합니다. 곱이 가장 작을 때의 곱을 구하세요.

(   )

6

대표 유형 **06**

◯ 안에 알맞은 수를 구하세요.

$$7.81 \times 2.96 = \boxed{} \times 0.296$$

(   )

7

대표 유형 **07**

가로가 21.7 m, 세로가 15.5 m인 직사각형 모양의 논이 있습니다. 이 논의 가로를 0.4배, 세로를 1.2배 하여 새로운 논을 만들었습니다. 처음 논의 넓이와 새로 만든 논의 넓이의 차는 몇 m^2일까요?

(   )

8

찬우와 수현이는 각각 일정한 빠르기로 걷습니다. 찬우는 한 시간 동안 6.8 km를 걷고, 수현이는 15분 동안 1.2 km를 걷습니다. 두 사람이 같은 지점에서 동시에 출발하여 서로 반대 방향으로 2시간 24분 동안 걸었다면 두 사람 사이의 거리는 몇 km일까요?

(   )

9

1분에 24.3 L의 물이 나오는 수도로 물탱크에 물을 받으려고 합니다. 이 물탱크에 구멍이 나서 1분에 2.4 L의 물이 빠져 나간다면 6분 54초 동안 물탱크에 받을 수 있는 물은 몇 L일까요? (단, 수도에서 나오는 물과 물탱크에서 빠져나가는 물의 양은 각각 일정합니다.)

(   )

10

0.7을 70번 곱했을 때 곱의 소수 70째 자리 숫자는 무엇일까요? (단, 0.7을 1번 곱하는 것은 0.7로 생각합니다.)

(   )

4. 소수의 곱셈

>> 정답 및 풀이 **64**쪽

본문 '실전 적용'의 반복학습입니다.

1 0.71 × 3.63은 7.1 × 36.3의 몇 배일까요?

( )

2 가 ♥ 나=6.1×나+가로 약속할 때 3.7 ♥ 5.2는 얼마인지 구하세요.

( )

3 수 카드 2 , 4 , 6 , 7 을 한 번씩 모두 사용하여 다음과 같은 곱셈식을 만들려고 합니다. 곱이 가장 클 때의 곱을 구하세요.

( )

4 어떤 수에 7.4를 곱해야 할 것을 잘못하여 더했더니 16.9가 되었습니다. 바르게 계산한 값을 구하세요.

(   )

5 선물 포장을 하기 위해 빨간색 끈은 4.7 m, 보라색 끈은 빨간색 끈의 1.4배, 초록색 끈은 보라색 끈의 2.3배만큼 사용했습니다. 사용한 끈의 길이는 모두 몇 m인지 구하세요.

(   )

6 ☐ 안에 들어갈 수 있는 자연수 중 가장 큰 수와 가장 작은 수의 차를 구하세요.

$$6.87 \times 5 < \boxed{} < 4.94 \times 9$$

(   )

7 현지네 집에서 할아버지 댁까지 거리는 한 시간에 95.8 km를 가는 빠르기로 자동차를 타고 3시간 12분 동안 가야 합니다. 이 자동차는 1 km를 가는 데 0.15 L의 휘발유가 필요합니다. 현지네 집에서 할아버지 댁까지 가는 데 필요한 휘발유는 몇 L일까요?

(   )

8 각각 일정한 빠르기로 가는 두 자동차가 있습니다. 가 자동차는 1분에 2.9 km, 나 자동차는 1분에 3.14 km를 갑니다. 가와 나 자동차가 같은 지점에서 같은 방향으로 동시에 출발하여 12분 24초 동안 갔을 때, 두 자동차 사이의 거리는 몇 km일까요?

(   )

9 어느 오토바이 가게의 올해 목표 판매량은 작년 판매량의 1.6배이고 작년 판매량은 2100대였습니다. 오늘까지 올해 목표 판매량의 0.8배만큼 판매했다면 오토바이를 몇 대 더 판매해야 올해 목표 판매량을 달성할까요?

(   )

10 다음과 같이 0.8을 100번 곱했을 때 곱의 소수 100째 자리 숫자는 무엇일까요?

$$0.8 \times 0.8 \times 0.8 \times \cdots \times 0.8$$

100번

(   )

11 길이가 23.7 cm인 색 테이프 14장을 그림과 같이 일정한 간격으로 겹치게 이어 붙였더니 전체 길이가 292.8 cm가 되었습니다. 색 테이프를 몇 cm씩 겹치게 붙였을까요?

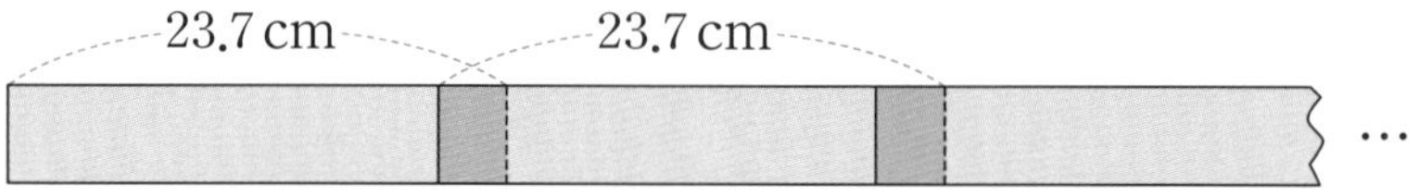

23.7 cm   23.7 cm

...

(   )

대표 유형 01

1 정육면체의 겨냥도에서 보이지 않는 모서리의 길이의 합은 72 cm입니다. 이 정육면체의 모든 모서리의 길이의 합은 몇 cm일까요?

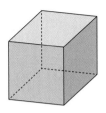

(   )

대표 유형 02

2 다음 그림에서 색칠한 면이 정육면체 전개도의 일부일 때 나머지 면이 될 수 있는 곳을 모두 찾아 기호를 써 보세요.

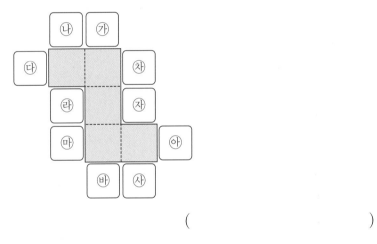

(   )

대표 유형 03

3 직육면체의 전개도를 접었을 때 면 ㅁㅊㅋㅌ과 만나지 않는 면의 네 변의 길이의 합은 몇 cm일까요?

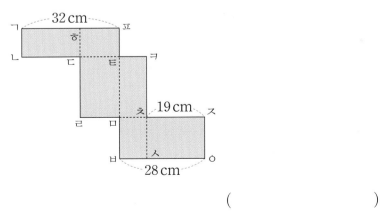

(   )

대표 유형 04

4 그림과 같이 끈으로 직육면체 모양의 상자를 묶었습니다. 상자를 묶는 데 사용한 끈의 길이는 최소한 몇 cm일까요?

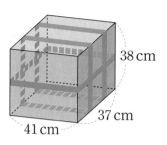

38 cm

37 cm

41 cm

(   )

대표 유형 05

5 한 개의 정육면체를 세 방향에서 본 것입니다. 전개도에 알맞게 무늬를 그려 보세요. (단, 무늬의 방향은 생각하지 않습니다.)

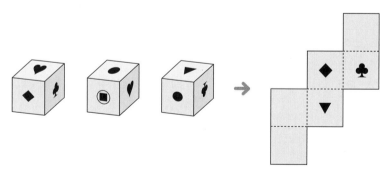

6

대표 유형 06

주사위에서 서로 평행한 두 면의 눈의 수의 합은 7입니다. 전개도를 접었을 때 면 ㉮와 면 ㉯에 공통으로 수직인 면의 눈의 수의 곱은 얼마일까요?

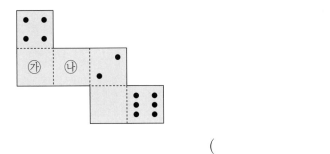

(   )

7

대표 유형 07

1부터 6까지의 눈이 그려져 있고, 마주 보는 두 면의 눈의 수의 합이 7인 주사위 2개를 오른쪽 그림과 같이 놓았습니다. 바닥을 포함하여 겉면의 눈의 수의 합이 가장 크게 되는 경우의 합은 얼마일까요?

(   )

8

대표 유형 08

직육면체의 면에 왼쪽과 같이 선을 그었습니다. 오른쪽 직육면체의 전개도에 선이 지나간 자리를 그려 보세요.

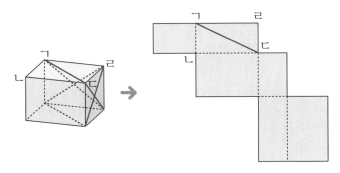

5. 직육면체

1 오른쪽 직육면체의 겨냥도에서 보이는 모서리의 길이의 합은 141 cm입니다. 이 직육면체의 모든 모서리의 길이의 합은 몇 cm일까요?

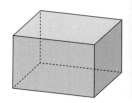

(   )

2 직육면체의 전개도를 접었을 때 면 ㄷㄹㅁㅂ과 만나지 않는 면의 네 변의 길이의 합은 몇 cm일까요?

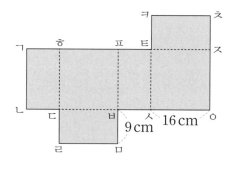

(   )

3 다음 그림에서 색칠한 면이 정육면체 전개도의 일부일 때 나머지 면이 될 수 있는 곳은 모두 몇 개일까요?

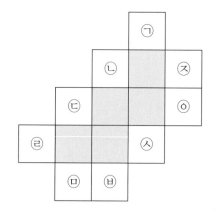

(   )

4 길이가 250 cm인 끈으로 오른쪽 그림과 같이 직육면체 모양의 상자를 각 방향으로 한 바퀴씩 둘러 묶었습니다. 매듭으로 사용한 끈의 길이가 31 cm일 때 상자를 묶고 남은 끈의 길이는 몇 cm일까요?

( )

5 왼쪽 전개도를 접어서 만든 정육면체를 찾아 기호를 써 보세요. (단, 무늬의 방향은 생각하지 않습니다.)

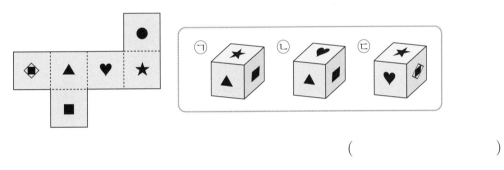

( )

6 주사위에서 서로 평행한 두 면의 눈의 수의 합은 7입니다. 다음 주사위의 전개도에서 ㉠, ㉡은 각각 기호가 쓰여진 면에 들어갈 눈의 수입니다. ㉠과 ㉡의 차가 가장 큰 경우의 ㉠, ㉡을 구하세요.

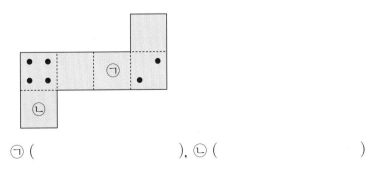

㉠ ( ), ㉡ ( )

7 직육면체의 면에 왼쪽과 같이 선을 그었습니다. 오른쪽 직육면체의 전개도에 선이 지나간 자리를 그려 보세요.

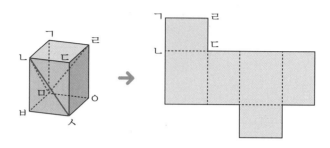

8 오른쪽 직사각형 모양의 종이에서 색칠한 부분을 잘라 내고 남은 종이로 직육면체의 전개도를 만들었습니다. 전개도를 접어서 만든 직육면체의 모든 모서리의 길이의 합은 몇 cm일까요?

(   )

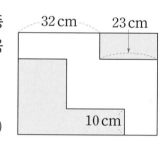

9 마주 보는 두 면의 눈의 수의 합이 7인 주사위 3개를 오른쪽과 같이 쌓았습니다. 서로 맞닿는 면의 눈의 수의 합이 6일 때 빗금 친 면에 들어갈 수 있는 눈의 수를 모두 구하세요.

(   )

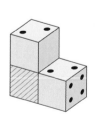

대표 유형 01

1 1부터 9까지의 수가 적힌 수 카드 9장 중에서 한 장을 뽑으려고 합니다. ㉠＋㉡의 값을 구하세요.

> • 한 장을 뽑았을 때 수 카드의 수가 짝수인 가능성을 수로 나타내면 ㉠입니다.
> • 한 장을 뽑았을 때 수 카드의 수가 5 이상의 수가 나올 가능성을 수로 나타내면 ㉡입니다.

(   )

대표 유형 02

2 조건 에 알맞은 회전판이 되도록 색칠해 보세요.

> **조건**
> • 화살이 초록색에 멈출 가능성이 가장 높습니다.
> • 화살이 노란색에 멈출 가능성은 파란색에 멈출 가능성의 4배입니다.

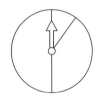

대표 유형 03

3 목장별 얼룩말 수를 조사하여 나타낸 표입니다. 네 농장의 얼룩말 수의 평균이 63마리이고 가 목장의 얼룩말 수는 라 목장보다 15마리 더 많습니다. 가 목장의 얼룩말은 몇 마리일까요?

목장별 얼룩말 수

목장	가	나	다	라
얼룩말 수(마리)		81	70	

(   )

대표 유형 04

4 반별로 모은 종이류 재활용 쓰레기의 무게를 나타낸 표입니다. 3반에서 모은 무게는 나머지 3개 반에서 모은 무게의 평균보다 4 kg 더 무겁습니다. 3반에서 모은 무게와 4개 반에서 모은 평균 무게의 차는 몇 kg일까요?

반별 모은 종이류 재활용 쓰레기의 무게

반	1반	2반	3반	4반
무게(kg)	31	38		33

( )

대표 유형 05

5 지민이네 모둠과 동주네 모둠 학생들이 자전거를 탄 시간을 나타낸 것입니다. 두 모둠의 자전거를 탄 시간의 평균이 같을 때 두 모둠에서 자전거를 1시간 이상 탄 학생은 모두 몇 명일까요?

지민이네 모둠

64분 49분 □분 58분

동주네 모둠

69분 48분 51분 56분 71분

( )

대표 유형 06

6 재훈이의 1월부터 4월까지 월별 수학 시험 점수를 나타낸 것입니다. 1월부터 5월까지 수학 시험 점수의 평균이 90점 이상이 되어야 교내 수학 경시대회에 참가할 수 있습니다. 재훈이가 교내 수학 경시대회에 참가하려면 5월에 최소한 몇 점을 받아야 할까요?

84 96 88 94

( )

1 4장의 수 카드 3, 4, 5, 6 중 한 장을 뽑으려고 합니다. 일이 일어날 가능성이 높은 순서대로 기호를 써 보세요.

> ㉠ 한 장을 뽑을 때 수 카드의 수가 7일 가능성
> ㉡ 한 장을 뽑을 때 홀수가 나올 가능성
> ㉢ 한 장을 뽑을 때 수 카드의 수가 7보다 작을 가능성
> ㉣ 한 장을 뽑을 때 4의 배수가 나올 가능성

(   )

2 조건 에 알맞은 회전판이 되도록 색칠해 보세요.

> 조건
> • 화살이 노란색에 멈출 가능성이 가장 높습니다.
> • 화살이 분홍색에 멈출 가능성은 보라색에 멈출 가능성의 3배입니다.

3 은우의 윗몸 말아 올리기 기록을 나타낸 표입니다. 1회부터 5회까지 윗몸 말아 올리기 기록의 평균이 34번일 때 5회의 윗몸 말아 올리기 기록은 몇 번일까요?

은우의 윗몸 말아 올리기 기록

회	1회	2회	3회	4회	5회
기록(번)	28	30	34	36	

( )

4 재우의 제자리 멀리뛰기 기록을 나타낸 표입니다. 재우의 제자리 멀리뛰기 기록의 평균이 166 cm일 때, 재우의 기록이 가장 좋았을 때는 몇 회일까요?

재우의 제자리 멀리뛰기 기록

회	1회	2회	3회	4회	5회
기록(cm)	157		174	167	169

( )

5 4명의 학생들이 방학 동안 읽은 책 수를 나타낸 표입니다. 우람이가 읽은 책 수는 나머지 3명이 읽은 책 수의 평균보다 4권 더 적습니다. 4명이 방학 동안 읽은 책 수의 평균은 몇 권일까요?

방학 동안 읽은 책 수

이름	민주	지현	우람	정호
책 수(권)	26	25		27

( )

6 희서네 모둠과 이든이네 모둠이 지난 주말에 운동한 시간을 나타낸 표입니다. 두 모둠의 운동 시간의 평균이 같을 때, 하준이의 운동 시간은 몇 분인지 구하세요.

희서네 모둠의 운동 시간

이름	운동 시간(분)
희서	45
지성	66
재후	48

이든이네 모둠의 운동 시간

이름	운동 시간(분)
이든	49
승윤	52
하준	
승채	53

(   )

7 은재네 모둠 학생 4명의 몸무게를 나타낸 표입니다. 은재네 모둠에 하임이가 더 들어와서 몸무게의 평균이 2 kg 늘었습니다. 하임이의 몸무게는 몇 kg일까요?

은재네 모둠 학생들의 몸무게

이름	은재	정호	민주	예준
몸무게(kg)	43	48	47	46

(   )

8 반별 모은 헌 옷의 무게를 나타낸 표입니다. 3반에서 모은 헌 옷의 무게는 나머지 4개 반에서 모은 헌 옷 무게의 평균보다 5 kg 더 무겁습니다. 3반에서 모은 헌 옷의 무게와 5개 반에서 모은 헌 옷의 평균 무게의 차는 몇 kg일까요?

반별 모은 헌 옷의 무게

반	1반	2반	3반	4반	5반
무게(kg)	38	33		46	35

(   )

9 은원이의 1단원부터 5단원까지 단원별 수학 시험 점수를 나타낸 것입니다. 6단원까지 수학 시험 점수의 평균이 91점 이상이 되어야 교내 수학 경시대회에 참가할 수 있습니다. 은원이가 교내 수학 경시대회에 참가하려면 6단원 수학 시험에서 최소한 몇 점을 받아야 할까요?

98   96   89   92   87

(   )

우리 아이만
알고 싶은
상위권의
시작

최고를
경험해 본 아이의 성취감은
학년이 오를수록
빛을 발합니다

완 성

최고수준

초등수학

5-2

문제

* 1~6학년 / 학기 별 출시
동영상 강의 제공

복습은
이안에
있어!

최고수준S

#끊어읽기

#문해력 어휘 백과

#문장제

#고본과 구하려는 것

🔍 문해력을 키우면 정답이 보인다

초등 문해력 독해가 힘이다
문장제 수학편 (초등 1~6학년 / 단계별)

짧은 문장 연습부터 긴 문장 연습까지
문장을 읽고 이해하여 해결하는 연습을 하여
수학 문해력을 길러주는 문장제 연습 교재

수학의 해법이 풀리다!

해결의 법칙
시리즈

단계별 맞춤 학습

개념, 유형, 응용의 단계별 교재로
교과서 차시에 맞춘 쉬운 개념부터
응용·심화까지 수학 완전 정복

혼자서도 OK!

이미지로 구성된 핵심 개념과 셀프 체크,
모바일 코칭 시스템과 동영상 강의로
자기주도 학습 및 홈 스쿨링에 최적화

300여 명의 검증

수학의 메카 천재교육 집필진과
300여 명의 교사·학부모의
검증을 거쳐 탄생한 친절한 교재

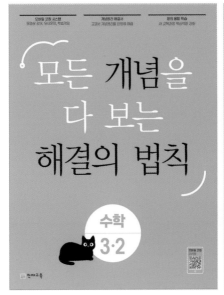

흔들리지 않는 탄탄한 수학의 완성! (초등 1~6학년 / 학기별)

상위권 진입비결

최고수준 S

정답 및 풀이

초등

BOOK 3 5-2

정답 및 풀이
포인트 3가지

▶ 혼자서도 이해할 수 있는 친절한 문제 풀이

▶ 참고, 주의 등 자세한 풀이 제시

▶ 다른 풀이를 제시하여 다양한 방법으로 문제 풀이 가능

① 수의 범위와 어림하기

활용 개념

이상, 이하, 초과, 미만

01 25, 23, 32에 ○표

02
```
 7.1  7.2  7.3  7.4  7.5  7.6  7.7  7.8  7.9  8.0
```

03 화요일, 수요일, 일요일

04 13, 15, 17에 ○표

05
```
 11  12  13  14  15  16  17  18  19  20
```

06 ㉢, ㉣   07 7개

01 23과 같거나 큰 수를 모두 찾습니다.

02 7.6 미만인 수는 7.6에 ○로 표시하고 왼쪽으로 선을 긋습니다.

03 초미세 먼지 농도가 36보다 높은 요일을 모두 찾습니다.

04 13과 같거나 크고 19보다 작은 수를 모두 찾습니다.

05 15 초과 18 이하인 수는 15에 ○로, 18에 ●로 표시하고 두 수 사이를 선으로 잇습니다.

06 ㉠ 60과 같거나 크고 72보다 작은 수이므로 72가 포함되지 않습니다.
   ㉡ 72보다 크고 80과 같거나 작은 수이므로 72가 포함되지 않습니다.
   ㉢ 65와 같거나 크고 72와 같거나 작은 수이므로 72가 포함됩니다.
   ㉣ 71보다 크고 77보다 작은 수이므로 72가 포함됩니다.

07 27 초과 34 이하인 자연수: 28, 29, 30, 31, 32, 33, 34
   ⇨ 7개

올림, 버림, 반올림

01 (위부터) 130, 200 / 970, 1000

02 3725, 3700에 ○표

03 (1) 5.3 (2) 11.7

04 =

05 200

06 2

01 124 → 130, 124 → 200
   963 → 970, 963 → 1000

02 3725 → 3700, 3636 → 3600, 3600 → 3600,
   3700 → 3700, 3914 → 3900, 3264 → 3200

03 (1) 5.29 → 5.3
   (2) 11.716 → 11.7

04 6827을 반올림하여 천의 자리까지 나타낸 수: 7000
   ⇨ 7000＝7000

05 ㉮ 4763을 올림하여 천의 자리까지 나타낸 수: 5000
   ㉯ 4763을 올림하여 백의 자리까지 나타낸 수: 4800
   ⇨ ㉮－㉯＝5000－4800＝200

06 백의 자리 숫자가 7이므로 천의 자리로 1 올려서 나타냅니다.
   ㉠＋1＝3 ⇨ ㉠＝2

유형 변형

대표 유형 **01** 13, 14, 15

❶ 두 수직선에 나타낸 수의 범위를 하나의 수직선에 나타냅니다.

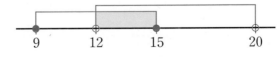

→ 두 수의 범위의 공통 범위: 12 초과 15 이하인 수

❷ 두 수의 범위에 공통으로 포함되는 자연수: 13 , 14 , 15

예제	19, 20, 21, 22

❶ 두 수직선에 나타낸 수의 범위를 하나의 수직선에 나타냅니다.

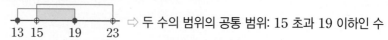

⇨ 두 수의 범위의 공통 범위: 19 이상 22 이하인 수

❷ 두 수의 범위에 공통으로 포함되는 자연수: 19, 20, 21, 22

01-1 3개

❶ 두 수직선에 나타낸 수의 범위를 하나의 수직선에 나타냅니다.

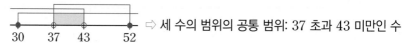

⇨ 두 수의 범위의 공통 범위: 20 초과 24 미만인 수

❷ 두 수의 범위에 공통으로 포함되는 자연수: 21, 22, 23 ⇨ 3개

01-2 16, 17, 18, 19

❶ 두 수의 범위를 하나의 수직선에 나타냅니다.

⇨ 두 수의 범위의 공통 범위: 15 초과 19 이하인 수

13 15   19   23

❷ 두 수의 범위에 공통으로 포함되는 자연수: 16, 17, 18, 19

01-3 5개

❶ 세 수의 범위를 하나의 수직선에 나타냅니다.

⇨ 세 수의 범위의 공통 범위: 37 초과 43 미만인 수

30   37   43   52

❷ 세 수의 범위에 공통으로 포함되는 자연수: 38, 39, 40, 41, 42 ⇨ 5개

대표 유형 02 20

❶ 수직선에 나타낸 수의 범위: 14 이상 ㉠ 미만인 수

❷ 14 이상인 수: 14가 (포함됩니다), 포함되지 않습니다).
   ㉠ 미만인 수: ㉠이 (포함됩니다 , 포함되지 않습니다).

❸ 14 이상인 자연수를 작은 수부터 순서대로 6개 써 보면

   14, 15, 16, 17 , 18 , 19

❹ ㉠에 알맞은 자연수: 20

예제	17

❶ 수직선에 나타낸 수의 범위: ㉠ 초과 23 미만인 수

❷ ㉠ 초과인 수에는 ㉠이 포함되지 않고, 23 미만인 수에도 23이 포함되지 않습니다.

❸ 23 미만인 자연수를 큰 수부터 순서대로 5개 써 보면 22, 21, 20, 19, 18

❹ ㉠에 알맞은 자연수: 17

02-1 3.3

❶ 수직선에 나타낸 수의 범위: ㉠ 이상 3.9 이하인 수

❷ ㉠ 이상인 수에는 ㉠이 포함되고, 3.9 이하인 수에도 3.9가 포함됩니다.

❸ 3.9 이하인 소수 한 자리 수를 큰 수부터 순서대로 7개 써 보면

   3.9, 3.8, 3.7, 3.6, 3.5, 3.4, 3.3

❹ ㉠에 알맞은 소수 한 자리 수: 3.3

02-2 52, 53

❶ 수직선에 나타낸 수의 범위: 42 초과 ㉠ 이하인 수

❷ 42 초과인 수에는 42가 포함되지 않고, ㉠ 이하인 수에는 ㉠이 포함됩니다.

❸ 42 초과인 짝수를 작은 수부터 순서대로 5개 써 보면 44, 46, 48, 50, 52

❹ ㉠에 들어갈 수 있는 자연수: 52, 53

02-3 40

❶ 20 이상인 수에는 20이 포함되고, ㉠ 미만인 수에는 ㉠이 포함되지 않습니다.

❷ 20 이상인 5의 배수를 작은 수부터 순서대로 4개 써 보면 20, 25, 30, 35

❸ ㉠에 들어갈 수 있는 자연수는 36, 37, 38, 39, 40이고 이 중 가장 큰 수는 40입니다.

02-4 90

❶ ㉡이 클수록 ㉠이 커지므로 ㉡에 들어갈 수 있는 자연수 중 가장 큰 두 자리 수는 99입니다.

❷ ㉠ 초과인 수에는 ㉠이 포함되지 않고, ㉡ 미만인 수에도 ㉡이 포함되지 않습니다.

❸ 99 미만인 자연수를 큰 수부터 순서대로 8개 써 보면 98, 97, 96, 95, 94, 93, 92, 91

❹ ㉠에 들어갈 수 있는 자연수 중 가장 큰 수: 90

대표 유형 03 32000원

❶ 아버지와 어머니: 각각 어른 요금인 $\boxed{10000}$ 원

언니: 청소년 요금인 $\boxed{7000}$ 원

지민: 어린이 요금인 $\boxed{5000}$ 원

❷ (체험전 입장료) $= \boxed{10000} \times 2 + \boxed{7000} + \boxed{5000}$

$= \boxed{32000}$ (원)

예제 230000원

❶ 할아버지는 경로 요금인 40000원, 아버지와 어머니는 각각 어른 요금인 50000원,
강현이는 청소년 요금인 50000원, 동생은 소인 요금인 40000원입니다.

❷ (자유이용권 요금) $= 40000 \times 2 + 50000 \times 3$

$= 80000 + 150000 = 230000$(원)

03-1 139100원,
67500원

❶ 할머니: 경로 요금, 아버지, 어머니: 어른 요금, 주아: 어린이 요금

❷ (KTX를 탈 때의 요금) $= 30400 + 43500 \times 2 + 21700 = 139100$(원)

❸ (무궁화호를 탈 때의 요금) $= 14800 + 21100 \times 2 + 10500 = 67500$(원)

대표 유형 04
31명 이상 40명 이하

❶ 학생 수가 가장 적은 경우: 케이블카를 3번 운행하는 동안 10명씩 타고, 1번 운행하는 동안
$\boxed{1}$ 명만 탔을 때

➡ (학생 수) $= 10 \times 3 + \boxed{1} = \boxed{31}$(명)

❷ 학생 수가 가장 많은 경우: 케이블카를 4번 운행하는 동안 $\boxed{10}$ 명씩 탔을 때

➡ (학생 수) $= \boxed{10} \times 4 = \boxed{40}$(명)

❸ 건우네 반 학생 수: $\boxed{31}$ 명 이상 $\boxed{40}$ 명 이하

예제 37개 이상 45개 이하

❶ 도넛이 가장 적은 경우: 상자 4개에 9개씩 담고, 상자 1개에 1개만 담을 때

⇨ (도넛 수) $= 9 \times 4 + 1 = 37$(개)

❷ 도넛이 가장 많은 경우: 상자 5개에 9개씩 담을 때

⇨ (도넛 수) $= 9 \times 5 = 45$(개)

❸ 도넛 수: 37개 이상 45개 이하

04-1
30명 초과 46명 미만

❶ 학생 수가 가장 적은 경우: 보트를 2번 운행하는 동안 15명씩 타고, 1번 운행하는 동안 1명만 탔을 때
⇨ (학생 수)=15×2+1=31(명)
❷ 학생 수가 가장 많은 경우: 보트를 3번 운행하는 동안 15명씩 탔을 때
⇨ (학생 수)=15×3=45(명)
❸ 규연이네 반 학생 수는 31명 이상 45명 이하이므로 초과와 미만으로 나타내면 30명 초과 46명 미만입니다.

04-2
130 140 150 160 170 180 190 200

❶ 학생 수가 가장 적은 경우: 놀이 기구를 5번 운행하는 동안 30명씩 타고, 1번 운행하는 동안 1명만 탔을 때
⇨ (한별이네 학교 5학년 학생 수)=30×5+1=151(명)
❷ 학생 수가 가장 많은 경우: 놀이 기구를 6번 운행하는 동안 30명씩 탔을 때
⇨ (한별이네 학교 5학년 학생 수)=30×6=180(명)
❸ 한별이네 학교 5학년 학생 수는 151명 이상 180명 이하이므로 초과와 이하로 나타내면 150명 초과 180명 이하입니다.

04-3
322병 이상 400병 이하

❶ 학생 수가 가장 적은 경우: 버스 4대에 40명씩 타고, 버스 1대에 1명만 탔을 때
⇨ (승아네 학교 5학년 학생 수)=40×4+1=161(명)
❷ 학생 수가 가장 많은 경우: 버스 5대에 40명씩 탔을 때
⇨ (승아네 학교 5학년 학생 수)=40×5=200(명)
❸ 승아네 학교 5학년 학생 수: 161명 이상 200명 이하
❹ 필요한 생수의 수: 2×161=322(병) 이상 2×200=400(병) 이하

대표 유형 05   8000원

❶ (식빵 한 개와 피자빵 한 개의 값)=4500+ 3000 = 7500 (원)
❷ 1000원짜리 지폐로만 내야 하므로
7500을 (올림 , 버림)하여 천의 자리까지 나타내면 8000 입니다.
❸ 동호는 최소 8000 원을 내야 합니다.

예제   30000원

❶ (책 한 권과 문제집 한 권의 값)=9500+12000=21500(원)
❷ 10000원짜리 지폐로만 내야 하므로 21500을 올림하여 만의 자리까지 나타내면 30000입니다.
❸ 효빈이는 최소 30000원을 내야 합니다.

05-1   11장

❶ (저금통에 있는 돈)=100×36+500×16=11600(원)
❷ 1000원짜리 지폐로만 바꿔야 하므로 11600을 버림하여 천의 자리까지 나타내면 11000입니다.
❸ 1000원짜리 지폐로만 바꾸면 최대 11000÷1000=11(장)까지 바꿀 수 있습니다.

05-2   24장

❶ (윤성이네 학교 학생 수)=250+242=492(명)
❷ (학생들이 모은 성금)=500×492=246000(원)
❸ 10000원짜리 지폐로만 바꿔야 하므로 246000을 버림하여 만의 자리까지 나타내면 240000입니다.
❹ 10000원짜리 지폐로만 바꾸면 최대 240000÷10000=24(장)까지 바꿀 수 있습니다.

05-3 30장

❶ 은우: 10000원짜리 지폐로만 내야 하므로 26500을 올림하여 만의 자리까지 나타내면 30000입니다.

⇨ 10000원짜리 지폐를 최소 $30000 \div 10000 = 3$(장) 내야 합니다.

❷ 희연: 1000원짜리 지폐로만 내야 하므로 26500을 올림하여 천의 자리까지 나타내면 27000입니다.

⇨ 1000원짜리 지폐를 최소 $27000 \div 1000 = 27$(장) 내야 합니다.

❸ (두 사람이 내야 할 지폐 수의 합)$= 3 + 27 = 30$(장)

대표 유형 06 8개

❶ (기계 3대가 한 시간 동안 조립한 로봇의 수)$= 25 \times \boxed{3} = \boxed{75}$(개)

❷ 로봇을 한 상자에 10개씩 모두 담아야 하므로 75를 ((올림), 버림)하여 십의 자리까지 나타내면 $\boxed{80}$입니다.

❸ 필요한 상자 수: 최소 $\boxed{8}$개

예제 7개

❶ (기계 4대가 한 시간 동안 만든 지우개의 수)$= 160 \times 4 = 640$(개)

❷ 지우개를 한 상자에 100개씩 모두 담아야 하므로 640을 올림하여 백의 자리까지 나타내면 700입니다.

❸ 필요한 상자 수: 최소 7개

06-1 450000원

❶ 귤이 100개가 안 되면 상자에 담아 팔 수 없으므로 1536을 버림하여 백의 자리까지 나타내면 1500입니다.

❷ 1500개는 100개씩 15상자이므로
(귤을 팔아서 받을 수 있는 돈)$= 30000 \times 15 = 450000$(원)

06-2 52000원

❶ 1 m가 안 되면 팔 수 없으므로 5275를 버림하여 백의 자리까지 나타내면 5200입니다.

❷ 52 m까지 팔 수 있으므로
(색 테이프를 팔아서 받을 수 있는 돈)$= 1000 \times 52 = 52000$(원)

06-3 63묶음

❶ (필요한 공책의 수)$= 2 \times 311 = 622$(권)

❷ 공책을 10권씩 묶음으로 사야 하므로 622를 올림하여 십의 자리까지 나타내면 630입니다.

❸ 630권은 10권씩 63묶음이므로 공책은 최소 63묶음을 사야 합니다.

06-4 10000원

❶ (필요한 밀가루의 양)$= 180 \times 20 = 3600$ (g)

❷ 밀가루를 1 kg 단위로 사야 하므로 3600을 올림하여 천의 자리까지 나타내면 4000입니다.

❸ 4000 g은 4 kg이므로
(밀가루를 사는 데 드는 돈)$= 2500 \times 4 = 10000$(원)

대표 유형 07 0, 1, 2, 3, 4

❶ 326■를 버림하여 십의 자리까지 나타낸 수가 $\boxed{3260}$이므로
반올림하여 십의 자리까지 나타낸 수도 $\boxed{3260}$입니다.

❷ 326■를 반올림하여 십의 자리까지 나타낸 수가 ❶에서 구한 수가 되려면
■에 들어갈 수 있는 수: $\boxed{0}$, $\boxed{1}$, $\boxed{2}$, $\boxed{3}$, $\boxed{4}$

예제 5, 6, 7, 8, 9

❶ 41□3을 올림하여 백의 자리까지 나타낸 수가 4200이므로
반올림하여 백의 자리까지 나타낸 수도 4200입니다.
❷ 41□3을 반올림하여 백의 자리까지 나타낸 수가 4200이려면
□ 안에 들어갈 수 있는 수: 5, 6, 7, 8, 9

07-1 5, 6, 7, 8, 9

❶ 24□17을 올림하여 천의 자리까지 나타낸 수가 250000이므로
반올림하여 천의 자리까지 나타낸 수도 25000입니다.
❷ 24□17을 반올림하여 천의 자리까지 나타낸 수가 25000이려면
□ 안에 들어갈 수 있는 수: 5, 6, 7, 8, 9

07-2 10

❶ 85□9를 버림하여 백의 자리까지 나타낸 수가 8500이므로
반올림하여 백의 자리까지 나타낸 수도 8500입니다.
❷ 85□9를 반올림하여 백의 자리까지 나타낸 수가 8500이려면
□ 안에 들어갈 수 있는 수: 0, 1, 2, 3, 4
❸ □ 안에 들어갈 수 있는 모든 수의 합: 0+1+2+3+4=10

07-3 59503, 59993

❶ 59■▲3을 올림하여 천의 자리까지 나타낸 수가 60000이므로
반올림하여 천의 자리까지 나타낸 수도 60000입니다.
❷ 59■▲3을 반올림하여 천의 자리까지 나타낸 수가 60000이려면 ■▲는 50부터 99까지
입니다.
❸ 어림하기 전의 수가 될 수 있는 다섯 자리 수 중 가장 작은 수는 59503이고,
가장 큰 수는 59993입니다.

대표 유형 08 141, 150

❶ 올림하여 십의 자리까지 나타내면 150이 되는 수의 범위:
  140 초과 150 이하인 수
❷ ❶에서 가장 작은 자연수: 141 , 가장 큰 자연수: 150

예제 600, 699

❶ 버림하여 백의 자리까지 나타내면 600이 되는 수의 범위: 600 이상 700 미만인 수
❷ ❶에서 가장 작은 자연수: 600, 가장 큰 자연수: 699

08-1 2399

❶ 반올림하여 백의 자리까지 나타내면 1200이 되는 수의 범위: 1150 이상 1250 미만인 수
❷ ❶에서 가장 작은 자연수: 1150, 가장 큰 자연수: 1249
❸ 1150+1249=2399

08-2 999

❶ 버림하여 천의 자리까지 나타내면 24000이 되는 수의 범위: 24000 이상 25000 미만인 수
❷ ❶에서 가장 작은 자연수: 24000, 가장 큰 자연수: 24999
❸ 24999−24000=999

08-3 5개

❶ 반올림하여 십의 자리까지 나타내면 1360이 되는 수의 범위: 1355 이상 1365 미만인 수
❷ ❶에서 1360 미만인 자연수: 1355, 1356, 1357, 1358, 1359 ⇨ 5개

08-4 9개

❶ 올림하여 십의 자리까지 나타내면 380이 되는 자연수:
371, 372, 373, 374, 375, 376, 377, 378, 379, 380
❷ 버림하여 십의 자리까지 나타내면 370이 되는 자연수:
370, 371, 372, 373, 374, 375, 376, 377, 378, 379
❸ ❶과 ❷를 모두 만족하는 자연수: 371, 372, 373, 374, 375, 376, 377, 378, 379 ⇨ 9개

대표 유형 09 3030

❶ 3000보다 작고 3000에 가장 가까운 수: [2930]

 → 3000과의 차는 3000− [2930] = [70]

❷ 3000보다 크고 3000에 가장 가까운 수: [3029]

3000과의 차가 더 작은 3029가 3000에 더 가깝습니다.

 → 3000과의 차는 [3029] −3000= [29]

❸ 3000에 가장 가까운 네 자리 수: [3029]

❹ ❸에서 구한 네 자리 수를 반올림하여 십의 자리까지 나타내기: [3030]

예제 4900

❶ 5000보다 작고 5000에 가장 가까운 수: 4852
 ⇨ 5000과의 차는 5000−4852=148
❷ 5000보다 크고 5000에 가장 가까운 수: 5248
 ⇨ 5000과의 차는 5248−5000=248
❸ 5000에 가장 가까운 네 자리 수: 4852
❹ 4852를 반올림하여 백의 자리까지 나타내기: 4900

09-1 41000

❶ 40000보다 작고 40000에 가장 가까운 수: 37540
 ⇨ 40000과의 차는 40000−37540=2460
❷ 40000보다 크고 40000에 가장 가까운 수: 40357
 ⇨ 40000과의 차는 40357−40000=357
❸ 40000에 가장 가까운 다섯 자리 수: 40357
❹ 40357을 올림하여 천의 자리까지 나타내기: 41000

09-2 60000

❶ 70000보다 작고 70000에 가장 가까운 수: 69751
 ⇨ 70000과의 차는 70000−69751=249
❷ 70000보다 크고 70000에 가장 가까운 수: 71569
 ⇨ 70000과의 차는 71569−70000=1569
❸ 70000에 가장 가까운 다섯 자리 수: 69751
❹ 69751을 버림하여 만의 자리까지 나타내기: 60000

09-3 78880000

❶ 8000만보다 작고 8000만에 가장 가까운 수: 78875511
 ⇨ 8000만과의 차는 80000000−78875511=1124489
❷ 8000만보다 크고 8000만에 가장 가까운 수: 81155778
 ⇨ 8000만과의 차는 81155778−80000000=1155778
❸ 8000만에 가장 가까운 여덟 자리 수: 78875511
❹ 78875511을 반올림하여 만의 자리까지 나타내기: 78880000

01 25, 26

❶ 두 수의 범위를 하나의 수직선에 나타냅니다.

⇨ 두 수의 범위의 공통 범위: 24 초과 27 미만인 수

22 24 27 30

❷ 두 수의 범위에 공통으로 포함되는 자연수: 25, 26

02 7000원

❶ (팽이 한 개와 공책 한 권의 값)=5500+1200=6700(원)

❷ 1000원짜리 지폐로만 내야 하므로 6700을 올림하여 천의 자리까지 나타내면 7000입니다.

❸ 승현이는 최소 7000원을 내야 합니다.

03 15000원

❶ 감자 5 kg은 5 kg 이하에 속하므로 택배 요금은 5000원입니다.

❷ (고구마의 무게)=5+6=11 (kg)

　11 kg은 10 kg 초과 20 kg 이하에 속하므로 택배 요금은 10000원입니다.

❸ (두 택배 요금의 합)=5000+10000=15000(원)

04

1600　　1700　　1800

❶ 반올림하여 백의 자리까지 나타내면 1700이 되는 수의 범위: 1650 이상 1750 미만인 수

❷ 1650 이상 1750 미만인 수는 1650에 ●로, 1750에 ○로 표시하고 두 수 사이를 선으로 잇습니다.

> **참고**
>
> 반올림하여 백의 자리까지 나타낸 수가 ■가 되는 수의 범위:
> (■−50) 이상 (■+50) 미만인 수

05 15, 16, 17

❶ ㉠ 초과인 수에는 ㉠이 포함되지 않고, 30 이하인 수에는 30이 포함됩니다.

❷ 30 이하인 3의 배수를 큰 수부터 순서대로 5개 써 보면 30, 27, 24, 21, 18

❸ ㉠에 들어갈 수 있는 자연수: 17, 16, 15

06 578, 579, 582

❶ 백의 자리 숫자가 5이고 십의 자리 숫자가 7인 경우 일의 자리 숫자에는 8 또는 9가 올 수 있습니다.

　⇨ 578, 579

❷ 백의 자리 숫자가 5이고 십의 자리 숫자가 8인 경우 일의 자리 숫자에는 2가 올 수 있습니다.

　⇨ 582

07 0, 1, 2, 3, 4

❶ 67□05를 버림하여 천의 자리까지 나타낸 수가 67000이므로

　반올림하여 천의 자리까지 나타낸 수도 67000입니다.

❷ 67□05를 반올림하여 천의 자리까지 나타낸 수가 67000이려면

　□ 안에 들어갈 수 있는 수: 0, 1, 2, 3, 4

08 30400개

❶ 올림하여 백의 자리까지 나타내면 15200이 되는 수의 범위:
15100 초과 15200 이하인 수
❷ 참가자 모두에게 빵을 2개씩 나누어 주려면 참가자 수가 가장 많은 경우인 15200명일 때를 생각하여 빵을 준비해야 합니다.
⇨ (준비해야 하는 빵의 수)=2×15200=30400(개)

09 241명 이상 250명 이하

❶ 학생 수가 가장 적은 경우: 긴 의자 24개에 10명씩 앉고, 긴 의자 1개에 1명만 앉을 때
⇨ (학생 수)=10×24+1=241(명)
❷ 학생 수가 가장 많은 경우: 긴 의자 25개에 10명씩 앉을 때
⇨ (학생 수)=10×25=250(명)
❸ 준서네 학교 5학년 학생 수: 241명 이상 250명 이하

10 59600

❶ 60000보다 작고 60000에 가장 가까운 수: 59640
⇨ 60000과의 차는 60000-59640=360
❷ 60000보다 크고 60000에 가장 가까운 수: 60459
⇨ 60000과의 차는 60459-60000=459
❸ 60000에 가장 가까운 다섯 자리 수: 59640
❹ 59640을 반올림하여 백의 자리까지 나타내기: 59600

11 4개

❶ 올림하여 십의 자리까지 나타내면 630이 되는 자연수의 범위:
621 이상 630 이하인 수
❷ 버림하여 십의 자리까지 나타내면 620이 되는 자연수의 범위:
620 이상 629 이하인 수
❸ 반올림하여 십의 자리까지 나타내면 620이 되는 자연수의 범위:
615 이상 624 이하인 수
❹
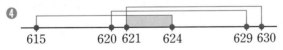
615　620 621　624　629 630
⇨ 세 조건을 만족하는 자연수:
621 이상 624 이하인 수는 621, 622, 623, 624 (4개)

12 ㉯ 문구점, 2300원

❶ ㉮ 문구점: 색종이를 10장씩 사야 하므로 284를 올림하여 십의 자리까지 나타내면 290입니다.
⇨ 29묶음 사야 하므로
(색종이 값)=700×29=20300(원)
❷ ㉯ 문구점: 색종이를 100장씩 사야 하므로 284를 올림하여 백의 자리까지 나타내면 300입니다.
⇨ 3묶음 사야 하므로
(색종이 값)=6000×3=18000(원)
❸ ㉯ 문구점에서 살 때 돈이 20300-18000=2300(원) 적게 듭니다.

② 분수의 곱셈

활용 개념

(분수)×(자연수), (자연수)×(분수)

01 (1) $4\frac{1}{2}$ (2) $3\frac{3}{4}$ **02** (1) 9 (2) $5\frac{1}{5}$

03 $13\frac{1}{2}$ km   **04** ④, ⑤

05 $1\frac{2}{9}\times6=\left(1+\frac{2}{9}\right)\times6=(1\times6)+\left(\frac{\overset{}{2}}{\underset{3}{\cancel{9}}}\times\cancel{6}\right)$

$\qquad\qquad=6+1\frac{1}{3}=7\frac{1}{3}$

04 9에 1보다 큰 수를 곱한 것을 모두 찾습니다.

④ $9\times1\frac{1}{3}=\overset{3}{\cancel{9}}\times\frac{4}{\underset{1}{\cancel{3}}}=12\enspace\text{⟩}\enspace9$

⑤ $9\times1\frac{5}{18}=\overset{1}{\cancel{9}}\times\frac{23}{\underset{2}{\cancel{18}}}=\frac{23}{2}=11\frac{1}{2}\enspace\text{⟩}\enspace9$

진분수의 곱셈

01 (1) $\frac{3}{10}$ (2) $\frac{5}{21}$ **02** <

03 $\frac{1}{6}$ m   **04** $\frac{4}{15}$

05 $\frac{1}{3}$ **06** $\frac{2}{5}$

05 무를 심은 밭은 승호네 밭 전체의 $\frac{\overset{1}{\cancel{2}}}{3}\times\frac{1}{\underset{1}{\cancel{2}}}=\frac{1}{3}$입니다.

06 배추를 심고 남은 밭은 전체의 $1-\frac{2}{5}=\frac{3}{5}$입니다.

⇨ 상추를 심은 밭은 영지네 밭 전체의

$\left(1-\frac{2}{5}\right)\times\frac{2}{3}=\frac{\overset{1}{\cancel{3}}}{5}\times\frac{2}{\underset{1}{\cancel{3}}}=\frac{2}{5}$입니다.

대분수의 곱셈

01 (1) $2\frac{1}{2}$ (2) $2\frac{1}{6}$

02 $2\frac{3}{7}\times2\frac{1}{3}=\frac{17}{\underset{1}{\cancel{7}}}\times\frac{\overset{1}{\cancel{7}}}{3}=\frac{17}{3}=5\frac{2}{3}$

03 18   **04** 3

05 $4\frac{3}{8}$ kg   **06** $3\frac{6}{7}$ cm²

03 $6\frac{3}{4}>5\frac{1}{10}>4\frac{2}{7}>2\frac{2}{3}$

⇨ (가장 큰 수)×(가장 작은 수)

$=6\frac{3}{4}\times2\frac{2}{3}=\frac{\overset{9}{\cancel{27}}}{\underset{1}{\cancel{4}}}\times\frac{\overset{2}{\cancel{8}}}{\underset{1}{\cancel{3}}}=18$

04 $2\frac{1}{9}\times1\frac{1}{2}=\frac{19}{\underset{3}{\cancel{9}}}\times\frac{\overset{1}{\cancel{3}}}{2}=\frac{19}{6}=3\frac{1}{6}$

⇨ $3\frac{1}{6}>\square$에서 $\square$ 안에 들어갈 수 있는 가장 큰 자연수는 3입니다.

유형 변형

대표 유형 **01** 1, 2, 3

❶ $\frac{4}{\underset{3}{\cancel{9}}}\times\frac{\overset{1}{\cancel{3}}}{5}=\frac{\boxed{4}}{\boxed{15}}$

❷ $\frac{\boxed{4}}{\boxed{15}}>\frac{\blacksquare}{15}$ → ■에 들어갈 수 있는 자연수: $\boxed{1}$, $\boxed{2}$, $\boxed{3}$

예제	1, 2

❶ $\dfrac{\overset{3}{\cancel{6}}}{7} \times \dfrac{1}{\underset{1}{\cancel{2}}} = \dfrac{3}{7}$

❷ $\dfrac{\square}{7} < \dfrac{3}{7}$ ⇨ □ 안에 들어갈 수 있는 자연수: 1, 2

01-1 6개

❶ $4\dfrac{4}{5} \times 1\dfrac{1}{3} = \dfrac{24}{5} \times \dfrac{4}{\underset{1}{\cancel{3}}} = \dfrac{32}{5} = 6\dfrac{2}{5}$

(위 24 위에 8)

❷ $6\dfrac{2}{5} > \square\dfrac{1}{5}$ ⇨ □ 안에 들어갈 수 있는 자연수: 1, 2, 3, 4, 5, 6 (6개)

01-2 7

❶ $\dfrac{1}{9} \times \dfrac{1}{6} = \dfrac{1}{54}$

❷ $\dfrac{1}{54} > \dfrac{1}{\square \times 8}$ 에서 단위분수는 분모가 작을수록 크므로 $54 < \square \times 8$

❸ □ 안에 들어갈 수 있는 자연수 중에서 가장 작은 수: 7

01-3 2, 3, 4

❶ $\dfrac{1}{30} < \dfrac{1}{7} \times \dfrac{1}{\square} < \dfrac{1}{10}$ ⇨ $\dfrac{1}{30} < \dfrac{1}{7 \times \square} < \dfrac{1}{10}$

❷ 단위분수는 분모가 작을수록 크므로 $30 > 7 \times \square > 10$

❸ □ 안에 들어갈 수 있는 자연수: 2, 3, 4

대표 유형 **02**	25 km

❶ 1시간 15분 = $1\boxed{\dfrac{15}{60}}$시간 = $1\boxed{\dfrac{1}{4}}$시간

❷ (전기 자전거가 1시간 15분 동안 달릴 수 있는 거리)

$= 20 \times \boxed{1}\boxed{\dfrac{1}{4}} = \overset{5}{\cancel{20}} \times \dfrac{\boxed{5}}{\underset{1}{\cancel{4}}} = \boxed{25}$ (km)

예제	175 km

❶ 2시간 20분 = $2\dfrac{20}{60}$시간 = $2\dfrac{1}{3}$시간

❷ (자동차가 2시간 20분 동안 달릴 수 있는 거리) = $75 \times 2\dfrac{1}{3} = \overset{25}{\cancel{75}} \times \dfrac{7}{\underset{1}{\cancel{3}}} = 175$ (km)

02-1 $39\dfrac{1}{5}$ km

❶ 40분 = $\dfrac{40}{60}$시간 = $\dfrac{2}{3}$시간

❷ (우재가 자전거로 40분 동안 달린 거리) = $8\dfrac{2}{5} \times \dfrac{2}{3} = \dfrac{\overset{14}{\cancel{42}}}{5} \times \dfrac{2}{\underset{1}{\cancel{3}}} = \dfrac{28}{5} = 5\dfrac{3}{5}$ (km)

❸ (우재가 자전거로 40분씩 일주일 동안 달린 거리)

$= 5\dfrac{3}{5} \times 7 = \dfrac{28}{5} \times 7 = \dfrac{196}{5} = 39\dfrac{1}{5}$ (km)

02-2 $12\dfrac{1}{2}$ L

❶ 6분 40초$=6\dfrac{40}{60}$분$=6\dfrac{2}{3}$분

❷ (1분 동안 두 수도꼭지에서 받을 수 있는 물의 양)$=\dfrac{5}{8}+1\dfrac{1}{4}=\dfrac{5}{8}+1\dfrac{2}{8}=1\dfrac{7}{8}$ (L)

❸ (6분 40초 동안 두 수도꼭지에서 받을 수 있는 물의 양)

$$=1\dfrac{7}{8}\times6\dfrac{2}{3}=\dfrac{\overset{5}{15}}{8}\times\dfrac{\overset{5}{20}}{\underset{1}{3}}=\dfrac{25}{2}=12\dfrac{1}{2}\text{ (L)}$$

02-3 $15\dfrac{2}{5}$ km

❶ 4분 24초$=4\dfrac{24}{60}$분$=4\dfrac{2}{5}$분

❷ (1분 동안 달렸을 때 두 버스 사이의 거리)

$$=1\dfrac{3}{5}+1\dfrac{9}{10}=1\dfrac{6}{10}+1\dfrac{9}{10}=2\dfrac{15}{10}=3\dfrac{5}{10}=3\dfrac{1}{2}\text{ (km)}$$

❸ (4분 24초 동안 달렸을 때 두 버스 사이의 거리)

$$=3\dfrac{1}{2}\times4\dfrac{2}{5}=\dfrac{7}{\underset{1}{2}}\times\dfrac{\overset{11}{22}}{5}=\dfrac{77}{5}=15\dfrac{2}{5}\text{ (km)}$$

> **참고**
>
> 두 버스가 반대 방향으로 달린 경우
>
>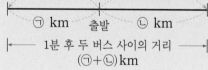
>
> ㉮ 버스가 1분 동안   ㉯ 버스가 1분 동안
>   간 거리   간 거리
>
> ㉠ km   출발   ㉡ km
>
> |← 1분 후 두 버스 사이의 거리 →|
> (㉠+㉡) km

대표 유형 03 $\dfrac{10}{63}$

❶ 진분수의 곱은 분모가 (⭕클수록, 작을수록), 분자가 (클수록 , ⭕작을수록) 작아집니다.

❷ 계산 결과가 가장 작을 때의 곱: $\dfrac{\boxed{2}\times\boxed{5}}{\boxed{9}\times\boxed{7}}=\dfrac{\boxed{10}}{\boxed{63}}$

               ↳2개의 진분수를 $\left(\dfrac{2}{9},\dfrac{5}{7}\right)$, $\left(\dfrac{5}{9},\dfrac{2}{7}\right)$로 만들 수 있습니다.

예제 $\dfrac{5}{12}$

❶ 진분수의 곱은 분모가 클수록, 분자가 작을수록 작아집니다.

❷ 계산 결과가 가장 작을 때의 곱: $\dfrac{\overset{1}{4}\times5}{\underset{2}{8}\times6}=\dfrac{5}{12}$

03-1 $\dfrac{5}{63}$

❶ 진분수의 곱은 분모가 클수록, 분자가 작을수록 작아집니다.

❷ 계산 결과가 가장 작을 때의 곱: $\dfrac{\overset{1}{2}\times\overset{1}{4}\times5}{9\times\underset{\underset{1}{4}}{8}\times7}=\dfrac{5}{63}$

03-2 $\dfrac{1}{24}$, $\dfrac{1}{210}$

❶ 계산 결과가 가장 클 때: 분모가 작을수록 곱은 커집니다.

$\Rightarrow \dfrac{1}{2} \times \dfrac{1}{3} \times \dfrac{1}{4} = \dfrac{1}{24}$

❷ 계산 결과가 가장 작을 때: 분모가 클수록 곱은 작아집니다.

$\Rightarrow \dfrac{1}{7} \times \dfrac{1}{6} \times \dfrac{1}{5} = \dfrac{1}{210}$

03-3 $13\dfrac{7}{8}$

❶ 계산 결과가 가장 작으려면 대분수의 자연수 부분과 곱하는 수에 작은 수를 놓아 곱셈식을 만듭니다.

❷ $3\dfrac{5}{8} \times 4 = \dfrac{29}{8} \times \overset{1}{\cancel{4}} = \dfrac{29}{2} = 14\dfrac{1}{2}$, $4\dfrac{5}{8} \times 3 = \dfrac{37}{8} \times 3 = \dfrac{111}{8} = 13\dfrac{7}{8}$

❸ $14\dfrac{1}{2} > 13\dfrac{7}{8}$이므로 계산 결과가 가장 작을 때의 곱은 $13\dfrac{7}{8}$입니다.

대표 유형 04 20 cm

❶ (늘어난 고무줄의 길이)=(처음 고무줄의 길이)$\times \dfrac{1}{4}$

$= \overset{4}{\cancel{16}} \times \dfrac{1}{\underset{1}{\cancel{4}}} = \boxed{4}$ (cm)

❷ (늘어난 고무줄의 전체 길이)=(처음 고무줄의 길이)+(늘어난 고무줄의 길이)

$= 16 + \boxed{4}$

$= \boxed{20}$ (cm)

예제 36 cm

❶ (이어 붙인 색 테이프의 길이)$= \overset{6}{\cancel{30}} \times \dfrac{1}{\underset{1}{\cancel{5}}} = 6$ (cm)

❷ (이어 붙인 색 테이프의 전체 길이)=(처음 색 테이프의 길이)+(이어 붙인 색 테이프의 길이)

$= 30 + 6 = 36$ (cm)

04-1 2600원

❶ (올린 금액)$= \overset{200}{\cancel{2000}} \times \dfrac{3}{\underset{1}{\cancel{10}}} = 600$(원)

❷ (현재 과자의 가격)=(이전 가격)+(올린 금액)$= 2000 + 600 = 2600$(원)

04-2 124 cm

❶ (누나의 키)$= 150 + \overset{5}{\cancel{150}} \times \dfrac{1}{\underset{1}{\cancel{30}}} = 150 + 5 = 155$ (cm)

❷ (동생의 키)$= \overset{31}{\cancel{155}} \times \dfrac{4}{\underset{1}{\cancel{5}}} = 124$ (cm)

04-3 500명, 460명

❶ (올해 남학생 수)$= 450 + \overset{50}{\cancel{450}} \times \dfrac{1}{\underset{1}{\cancel{9}}} = 450 + 50 = 500$(명)

❷ (올해 여학생 수)$= 500 - \overset{20}{\cancel{500}} \times \dfrac{2}{\underset{1}{\cancel{25}}} = 500 - 40 = 460$(명)

04-4 210 cm^2

❶ (만든 직사각형의 가로)$=15+\overset{3}{\cancel{15}}\times\dfrac{2}{\underset{1}{\cancel{3}}}=15+6=21\,(\text{cm})$

❷ (만든 직사각형의 세로)$=15-\overset{5}{\cancel{15}}\times\dfrac{1}{\underset{1}{\cancel{3}}}=15-5=10\,(\text{cm})$

❸ (만든 직사각형의 넓이)$=21\times10=210\,(\text{cm}^2)$

대표 유형 05 $4\dfrac{2}{3}$

❶ 2와 ㉠ 사이의 거리는 2와 10 사이의 거리의 $\dfrac{1}{\boxed{3}}$이므로

$(2와\ ㉠\ 사이의\ 거리)=(10-2)\times\dfrac{1}{\boxed{3}}=8\times\dfrac{1}{\boxed{3}}=\boxed{2}\dfrac{\boxed{2}}{\boxed{3}}$

❷ $㉠=2+\boxed{2}\dfrac{\boxed{2}}{\boxed{3}}=\boxed{4}\dfrac{\boxed{2}}{\boxed{3}}$

예제 $5\dfrac{1}{5}$

❶ 3과 ㉠ 사이의 거리는 3과 14 사이의 거리의 $\dfrac{1}{5}$이므로

$(3과\ ㉠\ 사이의\ 거리)=(14-3)\times\dfrac{1}{5}=11\times\dfrac{1}{5}=\dfrac{11}{5}=2\dfrac{1}{5}$

❷ $㉠=3+2\dfrac{1}{5}=5\dfrac{1}{5}$

05-1 $4\dfrac{1}{3}$

❶ $3\dfrac{5}{6}$와 ㉠ 사이의 거리는 $3\dfrac{5}{6}$와 $5\dfrac{1}{6}$ 사이의 거리의 $\dfrac{3}{8}$이므로

$\left(3\dfrac{5}{6}와\ ㉠\ 사이의\ 거리\right)=\left(5\dfrac{1}{6}-3\dfrac{5}{6}\right)\times\dfrac{3}{8}=1\dfrac{1}{3}\times\dfrac{3}{8}=\dfrac{\overset{1}{\cancel{4}}}{\underset{1}{\cancel{3}}}\times\dfrac{\overset{1}{\cancel{3}}}{\underset{2}{\cancel{8}}}=\dfrac{1}{2}$

❷ $㉠=3\dfrac{5}{6}+\dfrac{1}{2}=3\dfrac{5}{6}+\dfrac{3}{6}=3\dfrac{8}{6}=4\dfrac{2}{6}=4\dfrac{1}{3}$

05-2 ㉠ $1\dfrac{20}{21}$, ㉡ $2\dfrac{11}{21}$

❶ $1\dfrac{4}{7}$와 ㉠ 사이의 거리는 $1\dfrac{4}{7}$와 $3\dfrac{2}{7}$ 사이의 거리의 $\dfrac{2}{9}$이므로

$\left(1\dfrac{4}{7}와\ ㉠\ 사이의\ 거리\right)=\left(3\dfrac{2}{7}-1\dfrac{4}{7}\right)\times\dfrac{2}{9}=1\dfrac{5}{7}\times\dfrac{2}{9}=\dfrac{\overset{4}{\cancel{12}}}{7}\times\dfrac{2}{\underset{3}{\cancel{9}}}=\dfrac{8}{21}$

$\Rightarrow ㉠=1\dfrac{4}{7}+\dfrac{8}{21}=1\dfrac{12}{21}+\dfrac{8}{21}=1\dfrac{20}{21}$

❷ $1\dfrac{4}{7}$와 ㉡ 사이의 거리는 $1\dfrac{4}{7}$와 $3\dfrac{2}{7}$ 사이의 거리의 $\dfrac{5}{9}$이므로

$\left(1\dfrac{4}{7}와\ ㉡\ 사이의\ 거리\right)=\left(3\dfrac{2}{7}-1\dfrac{4}{7}\right)\times\dfrac{5}{9}=1\dfrac{5}{7}\times\dfrac{5}{9}=\dfrac{\overset{4}{\cancel{12}}}{7}\times\dfrac{5}{\underset{3}{\cancel{9}}}=\dfrac{20}{21}$

$\Rightarrow ㉡=1\dfrac{4}{7}+\dfrac{20}{21}=1\dfrac{12}{21}+\dfrac{20}{21}=1\dfrac{32}{21}=2\dfrac{11}{21}$

05-3 $3\dfrac{3}{20}$

❶ $(2\dfrac{4}{5}$와 ㉠ 사이의 거리$)$

$$=\left(5\dfrac{3}{5}-2\dfrac{4}{5}\right)\times\dfrac{1}{2}\times\dfrac{1}{4}=2\dfrac{4}{5}\times\dfrac{1}{2}\times\dfrac{1}{4}=\dfrac{\overset{7}{\cancel{14}}}{5}\times\dfrac{1}{\underset{1}{\cancel{2}}}\times\dfrac{1}{4}=\dfrac{7}{20}$$

❷ ㉠ $=2\dfrac{4}{5}+\dfrac{7}{20}=2\dfrac{16}{20}+\dfrac{7}{20}=2\dfrac{23}{20}=3\dfrac{3}{20}$

대표 유형 06 $1\dfrac{1}{8}$

❶ 구하려는 기약분수를 $\dfrac{\triangle}{\blacksquare}$라 할 때,

$\dfrac{8}{9}\times\dfrac{\triangle}{\blacksquare}=$(자연수)이려면

$\blacksquare$는 $\boxed{8}$의 약수, $\triangle$는 $\boxed{9}$의 배수이어야 합니다.

❷ $\dfrac{\triangle}{\blacksquare}$가 가장 작으려면 분모는 크고, 분자는 작아야 하므로

$$\dfrac{\triangle}{\blacksquare}=\dfrac{(\boxed{9}\text{의 배수 중 가장 작은 수})}{(\boxed{8}\text{의 약수 중 가장 큰 수})}=\dfrac{\boxed{9}}{\boxed{8}}=\boxed{1}\dfrac{\boxed{1}}{\boxed{8}}$$

예제 $1\dfrac{1}{15}$

❶ 구하려는 기약분수를 $\dfrac{\triangle}{\blacksquare}$라 할 때,

$\dfrac{15}{16}\times\dfrac{\triangle}{\blacksquare}=$(자연수)이려면 $\blacksquare$는 15의 약수, $\triangle$는 16의 배수이어야 합니다.

❷ $\dfrac{\triangle}{\blacksquare}$가 가장 작으려면 분모는 크고, 분자는 작아야 하므로

$$\dfrac{\triangle}{\blacksquare}=\dfrac{(16\text{의 배수 중 가장 작은 수})}{(15\text{의 약수 중 가장 큰 수})}=\dfrac{16}{15}=1\dfrac{1}{15}$$

06-1 30

❶ $\dfrac{1}{6}\times\square=$(자연수), $\dfrac{1}{10}\times\square=$(자연수)이려면 $\square$는 6과 10의 공배수이어야 합니다.

❷ 6과 10의 공배수 중 가장 작은 수는 6과 10의 최소공배수인 30입니다.

06-2 14

❶ $42\times\dfrac{1}{\square}=$(자연수), $70\times\dfrac{1}{\square}=$(자연수)이려면 $\square$는 42와 70의 공약수이어야 합니다.

❷ 42와 70의 공약수 중 가장 큰 수는 42와 70의 최대공약수인 14입니다.

06-3 $10\dfrac{5}{7}$

❶ 구하려는 기약분수를 $\dfrac{\triangle}{\blacksquare}$라 할 때,

$\dfrac{7}{15}\times\dfrac{\triangle}{\blacksquare}=$(자연수), $\dfrac{21}{25}\times\dfrac{\triangle}{\blacksquare}=$(자연수)이려면

$\blacksquare$는 7과 21의 공약수, $\triangle$는 15와 25의 공배수이어야 합니다.

❷ $\dfrac{\triangle}{\blacksquare}$가 가장 작으려면 분모는 크고, 분자는 작아야 하므로

$$\dfrac{\triangle}{\blacksquare}=\dfrac{(15\text{와 }25\text{의 최소공배수})}{(7\text{과 }21\text{의 최대공약수})}=\dfrac{75}{7}=10\dfrac{5}{7}$$

대표 유형 07 9 m

❶ (첫 번째로 튀어 오른 공의 높이)=(떨어진 높이)×$\frac{3}{4}$

$$=\overset{4}{16}\times\frac{3}{\underset{1}{4}}=\boxed{12}\,(m)$$

❷ (두 번째로 튀어 오른 공의 높이)=❶×$\frac{3}{4}$

$$=\boxed{\overset{3}{12}}\times\frac{3}{\underset{1}{4}}=\boxed{9}\,(m)$$

예제 $8\frac{1}{3}$ m

❶ (첫 번째로 튀어 오른 공의 높이)=$\overset{2}{12}\times\frac{5}{\underset{1}{6}}=10\,(m)$

❷ (두 번째로 튀어 오른 공의 높이)=$\overset{5}{10}\times\frac{5}{\underset{3}{6}}=\frac{25}{3}=8\frac{1}{3}\,(m)$

07-1 $10\frac{4}{5}$ m

❶ (첫 번째로 튀어 오른 공의 높이)=$\overset{10}{50}\times\frac{3}{\underset{1}{5}}=30\,(m)$

❷ (두 번째로 튀어 오른 공의 높이)=$\overset{6}{30}\times\frac{3}{\underset{1}{5}}=18\,(m)$

❸ (세 번째로 튀어 오른 공의 높이)=$18\times\frac{3}{5}=\frac{54}{5}=10\frac{4}{5}\,(m)$

07-2 35 m

❶ (첫 번째로 튀어 오른 공의 높이)=$\overset{5}{15}\times\frac{2}{\underset{1}{3}}=10\,(m)$

❷ (공이 두 번째로 땅에 닿을 때까지 움직인 전체 거리)=$15+10\times2=15+20=35\,(m)$

└→ 공이 첫 번째로 튀어 올랐다가 떨어진 거리

> **참고**
>
> 공이 두 번째로 땅에 닿을 때까지 움직인 전체 거리
>
>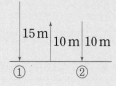

07-3 $72\frac{3}{4}$ m

❶ (첫 번째로 튀어 오른 공의 높이)=$\overset{3}{24}\times\frac{5}{\underset{1}{8}}=15\,(m)$

❷ (두 번째로 튀어 오른 공의 높이)=$15\times\frac{5}{8}=\frac{75}{8}=9\frac{3}{8}\,(m)$

❸ (공이 세 번째로 땅에 닿을 때까지 움직인 전체 거리)=$24+15\times2+9\frac{3}{8}\times2$

$$=24+30+18\frac{3}{4}=72\frac{3}{4}\,(m)$$

> **참고**
>
> 공이 세 번째로 땅에 닿을 때까지 움직인 전체 거리
>
>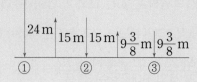

❶ 승윤이가 먹고 남은 피자의 양: 전체의 $1-\dfrac{\boxed{3}}{8}=\dfrac{\boxed{5}}{8}$

❷ 두 사람이 먹고 남은 피자의 양: 전체의 $\dfrac{\boxed{5}}{8}\times\left(1-\dfrac{2}{5}\right)=\dfrac{\boxed{\overset{1}{5}}}{8}\times\dfrac{\boxed{3}}{\underset{1}{5}}=\dfrac{\boxed{3}}{8}$

예제 $\dfrac{3}{10}$

❶ 여학생: 전체의 $1-\dfrac{3}{5}=\dfrac{2}{5}$

❷ 안경을 끼지 않은 여학생: 전체의 $\dfrac{2}{5}\times\left(1-\dfrac{1}{4}\right)=\dfrac{2}{5}\times\dfrac{3}{\underset{2}{4}}=\dfrac{3}{10}$

08-1 10장

❶ 친구에게 준 색종이의 양: 전체의 $\left(1-\dfrac{1}{4}\right)\times\dfrac{2}{9}=\dfrac{\overset{1}{3}}{\underset{2}{4}}\times\dfrac{\overset{1}{2}}{\underset{3}{9}}=\dfrac{1}{6}$

❷ (친구에게 준 색종이의 수)$=\overset{10}{60}\times\dfrac{1}{\underset{1}{6}}=10$(장)

08-2 70쪽

❶ 더 읽어야 하는 양: 전체의 $\left(1-\dfrac{1}{3}\right)\times\left(1-\dfrac{3}{10}\right)=\dfrac{2}{3}\times\dfrac{7}{\underset{5}{10}}=\dfrac{7}{15}$

❷ (더 읽어야 하는 쪽수)$=\overset{10}{150}\times\dfrac{7}{\underset{1}{15}}=70$(쪽)

08-3 2명

❶ 사과를 좋아하는 학생: 전체의 $\left(1-\dfrac{3}{5}\right)\times\left(1-\dfrac{1}{2}\right)\times\dfrac{1}{3}=\dfrac{2}{5}\times\dfrac{\overset{1}{1}}{\underset{1}{2}}\times\dfrac{1}{3}=\dfrac{1}{15}$

❷ (사과를 좋아하는 학생 수)$=\overset{2}{30}\times\dfrac{1}{\underset{1}{15}}=2$(명)

08-4 120 cm

❶ 남은 철사의 길이: 전체의 $\left(1-\dfrac{3}{4}\right)\times\left(1-\dfrac{1}{2}\right)=\dfrac{1}{4}\times\dfrac{1}{2}=\dfrac{1}{8}$

❷ 전체 철사의 $\dfrac{1}{8}$이 15 cm이므로

(태성이가 처음에 가지고 있던 철사의 길이)$=15\times8=120$ (cm)

다른 풀이

처음에 가지고 있던 철사의 길이를 □cm라 하면

$\square\times\left(1-\dfrac{3}{4}\right)\times\left(1-\dfrac{1}{2}\right)=15$, $\square\times\dfrac{1}{4}\times\dfrac{1}{2}=15$, $\square\times\dfrac{1}{8}=15$, $\square=15\times8=120$

⇨ 태성이가 처음에 가지고 있던 철사는 120 cm입니다.

01 5

❶ $\dfrac{1}{7} \times \dfrac{1}{6} = \dfrac{1}{42}$

❷ $\dfrac{1}{8 \times \square} > \dfrac{1}{42}$ 에서 단위분수는 분모가 작을수록 크므로 $8 \times \square < 42$

❸ □ 안에 들어갈 수 있는 자연수 중에서 가장 큰 수: 5

02 $\dfrac{5}{22}$

❶ 보이지 않는 부분의 기약분수를 □라 하면

$\square \times 3\dfrac{3}{5} \times 1\dfrac{2}{9} = \square \times \dfrac{\overset{2}{\cancel{18}}}{5} \times \dfrac{11}{\underset{1}{\cancel{9}}} = \square \times \dfrac{22}{5} = 1$

❷ $\square \times \dfrac{22}{5} = 1$이 되려면 □는 $\dfrac{5}{22}$가 되어야 합니다.

03 $\dfrac{1}{28}$

❶ 진분수의 곱은 분모가 클수록, 분자가 작을수록 작아집니다.

❷ 계산 결과가 가장 작을 때의 곱: $\dfrac{1 \times \overset{1}{\cancel{3}} \times \overset{1}{\cancel{4}}}{\underset{2}{\cancel{8}} \times 7 \times \underset{2}{\cancel{6}}} = \dfrac{1}{28}$

04 20 m

❶ (첫 번째로 튀어 오른 공의 높이)$= \overset{15}{\cancel{45}} \times \dfrac{2}{\underset{1}{\cancel{3}}} = 30$ (m)

❷ (두 번째로 튀어 오른 공의 높이)$= \overset{10}{\cancel{30}} \times \dfrac{2}{\underset{1}{\cancel{3}}} = 20$ (m)

05 $13\dfrac{1}{3}$

❶ 4와 ㉠ 사이의 거리는 4와 25 사이의 거리의 $\dfrac{4}{9}$이므로

(4와 ㉠ 사이의 거리)$= (25-4) \times \dfrac{4}{9} = \overset{7}{\cancel{21}} \times \dfrac{4}{\underset{3}{\cancel{9}}} = \dfrac{28}{3} = 9\dfrac{1}{3}$

❷ ㉠$= 4 + 9\dfrac{1}{3} = 13\dfrac{1}{3}$

06 3500원

❶ 남은 돈: 전체의 $\left(1 - \dfrac{1}{4}\right) \times \left(1 - \dfrac{2}{9}\right) = \dfrac{\overset{1}{\cancel{3}}}{4} \times \dfrac{7}{\underset{3}{\cancel{9}}} = \dfrac{7}{12}$

❷ (남은 돈)$= \overset{500}{\cancel{6000}} \times \dfrac{7}{\underset{1}{\cancel{12}}} = 3500$(원)

07 288 cm²

❶ (새로 만든 직사각형의 가로)$= 20 + \overset{4}{\cancel{20}} \times \dfrac{1}{\underset{1}{\cancel{5}}} = 20 + 4 = 24$ (cm)

❷ (새로 만든 직사각형의 세로)$= 15 - \overset{3}{\cancel{15}} \times \dfrac{1}{\underset{1}{\cancel{5}}} = 15 - 3 = 12$ (cm)

❸ (새로 만든 직사각형의 넓이)$= 24 \times 12 = 288$ (cm²)

08 $1\dfrac{3}{5}$ km

❶ 10분 40초 $=10\dfrac{40}{60}$ 분 $=10\dfrac{2}{3}$ 분

❷ (1분 동안 달렸을 때 두 자동차 사이의 거리)

$=1\dfrac{2}{5}-1\dfrac{1}{4}=1\dfrac{8}{20}-1\dfrac{5}{20}=\dfrac{3}{20}$ (km)

❸ (10분 40초 동안 달렸을 때 두 자동차 사이의 거리)

$=\dfrac{3}{20}\times10\dfrac{2}{3}=\dfrac{\overset{1}{\cancel{3}}}{\underset{5}{\cancel{20}}}\times\dfrac{\overset{8}{\cancel{32}}}{\underset{1}{\cancel{3}}}=\dfrac{8}{5}=1\dfrac{3}{5}$ (km)

09 40개

❶ 빨간색과 파란색 구슬을 뺀 나머지 구슬: 전체의 $\left(1-\dfrac{3}{5}\right)\times\left(1-\dfrac{1}{2}\right)=\dfrac{\overset{1}{\cancel{2}}}{5}\times\dfrac{1}{\underset{1}{\cancel{2}}}=\dfrac{1}{5}$

❷ 전체 구슬의 $\dfrac{1}{5}$ 이 8개이므로 (전체 구슬의 수)$=8\times5=40$(개)

10 $36\dfrac{3}{4}$ m

❶ (첫 번째로 튀어 오른 공의 높이)$=\overset{3}{\cancel{12}}\times\dfrac{3}{\underset{1}{\cancel{4}}}=9$ (m)

❷ (두 번째로 튀어 오른 공의 높이)$=9\times\dfrac{3}{4}=\dfrac{27}{4}=6\dfrac{3}{4}$ (m)

❸ (공이 두 번째로 튀어 올랐을 때까지 움직인 전체 거리)$=12+9\times2+6\dfrac{3}{4}=36\dfrac{3}{4}$ (m)

↳ 공이 첫 번째로 튀어 올랐다가 떨어진 거리

참고

공이 두 번째로 튀어 올랐을 때까지 움직인 전체 거리

12 m 9 m 9 m $6\dfrac{3}{4}$ m

① ②

11 $1\dfrac{4}{5}$

❶ 구하려는 기약분수를 $\dfrac{\blacktriangle}{\blacksquare}$ 라 할 때,

$1\dfrac{2}{3}\times\dfrac{\blacktriangle}{\blacksquare}=\dfrac{5}{3}\times\dfrac{\blacktriangle}{\blacksquare}=$(자연수), $2\dfrac{2}{9}\times\dfrac{\blacktriangle}{\blacksquare}=\dfrac{20}{9}\times\dfrac{\blacktriangle}{\blacksquare}=$(자연수)이려면

$\blacksquare$는 5와 20의 공약수, $\blacktriangle$는 3과 9의 공배수이어야 합니다.

❷ $\dfrac{\blacktriangle}{\blacksquare}$ 가 가장 작으려면 분모는 크고, 분자는 작아야 하므로

$\dfrac{\blacktriangle}{\blacksquare}=\dfrac{(3과\ 9의\ 최소공배수)}{(5와\ 20의\ 최대공약수)}=\dfrac{9}{5}=1\dfrac{4}{5}$

12 $\dfrac{2}{5}$

❶ 규현이가 1시간 동안 하는 일의 양: 전체의 $\dfrac{1}{4}$, 승아가 1시간 동안 하는 일의 양: 전체의 $\dfrac{1}{5}$

❷ (두 사람이 1시간 동안 하는 일의 양)$=\dfrac{1}{4}+\dfrac{1}{5}=\dfrac{5}{20}+\dfrac{4}{20}=\dfrac{9}{20}$

❸ 1시간 20분 $=1\dfrac{20}{60}$ 시간 $=1\dfrac{1}{3}$ 시간이므로

(두 사람이 1시간 20분 동안 하는 일의 양)$=\dfrac{9}{20}\times1\dfrac{1}{3}=\dfrac{\overset{3}{\cancel{9}}}{\underset{5}{\cancel{20}}}\times\dfrac{\overset{1}{\cancel{4}}}{\underset{1}{\cancel{3}}}=\dfrac{3}{5}$

❹ 남은 일의 양: 전체의 $1-\dfrac{3}{5}=\dfrac{5}{5}-\dfrac{3}{5}=\dfrac{2}{5}$

3 합동과 대칭

활용개념

합동

01 가와 라, 나와 다

02 예

03 변 ㄹㄷ / 각 ㄱㄷㄴ

04 (왼쪽부터) 15, 70

05 22 cm

06 ㉡

01 포개었을 때 완전히 겹치는 두 도형을 모두 찾습니다.

02 예

03 두 삼각형을 포개었을 때 변 ㄱㄴ과 겹치는 변, 각 ㄹㄴㄷ과 겹치는 각을 찾습니다.

04 (변 ㄴㄷ)=(변 ㅅㅂ)=15 cm,
(각 ㅁㅂㅅ)=(각 ㄹㄷㄴ)=70°

05 (변 ㄱㄴ)=(변 ㄹㅂ)=5 cm,
(변 ㄷㄱ)=(변 ㅁㄹ)=10 cm
⇨ (삼각형 ㄱㄴㄷ의 둘레)
=5+7+10=22 (cm)

06 ㉡ 두 삼각형은 둘레가 같아도 모양은 다를 수 있습니다.

선대칭도형

01

02 95, 10

03 10 cm

04 56 cm

05 (1) 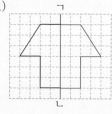 (2)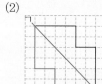

01 선대칭도형을 찾아 완전히 겹치도록 접을 수 있는 직선을 모두 긋습니다.

02 (변 ㅂㅁ)=(변 ㄴㄷ)=10 cm,
(각 ㄱㄴㄷ)=(각 ㄱㅂㅁ)=95°

03 대칭축은 대응점끼리 이은 선분을 둘로 똑같이 나누므로
(선분 ㄴㅈ)=(선분 ㄴㅂ)÷2
=20÷2=10 (cm)

04 (변 ㄷㄹ)=(변 ㅁㄹ)=8 cm
⇨ (선대칭도형의 둘레)=(11+9+8)×2=56 (cm)

05 각 점의 대응점을 찾아 표시한 후 대응점을 차례대로 이어 선대칭도형을 완성합니다.

점대칭도형

01 (1) (2)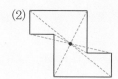

02 6, 9

03 135°

04 6 cm

05 (1) 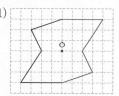 (2)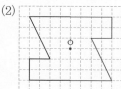

01 대응점끼리 이은 선분들이 만나는 점을 찾아 표시합니다.

02 점대칭도형에서 각각의 대응변의 길이가 서로 같습니다.

03 (각 ㅁㅂㄱ)=(각 ㄴㄷㄹ)=80°
⇨ 사각형 ㄱㄹㅁㅂ에서
(각 ㄹㅁㅂ)=360°-75°-70°-80°=135°

04 대칭의 중심은 대응점끼리 이은 선분을 둘로 똑같이 나누므로
(선분 ㅂㅇ)=(선분 ㄷㅇ)=5 cm
⇨ (변 ㅁㅂ)=(변 ㄴㄷ)
=(22-5-5)÷2=6 (cm)

05 각 점에서 대칭의 중심까지의 거리가 같도록 대응점을 찾아 표시한 후 대응점을 차례대로 이어 점대칭도형을 완성합니다.

대표 유형 01 ㉢, ㉠, ㉡

❶ 각각의 선대칭도형에 대칭축을 모두 그려 보고, 대칭축의 개수를 알아봅니다.

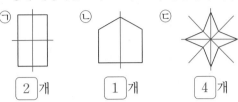

㉠ 2 개   ㉡ 1 개   ㉢ 4 개

❷ 대칭축의 개수가 많은 것부터 차례대로 기호를 써 보면 ㉢ , ㉠ , ㉡

예제 ㉡, ㉠, ㉢

❶ 각각의 선대칭도형에 대칭축을 모두 그려 보고, 대칭축의 개수를 알아봅니다.

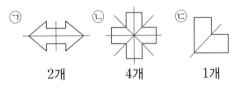

㉠ 2개   ㉡ 4개   ㉢ 1개

❷ 대칭축의 개수가 많은 것부터 차례대로 기호를 써 보면 ㉡, ㉠, ㉢

01-1 9개

❶ 정사각형과 정오각형의 대칭축을 각각 그려서 개수를 알아봅니다.

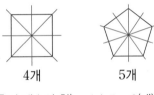

4개   5개

❷ (두 도형의 대칭축의 개수의 합)=4+5=9(개)

01-2 3개

❶ 정삼각형과 정육각형의 대칭축을 각각 그려서 개수를 알아봅니다.

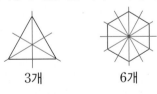

3개   6개

❷ (두 도형의 대칭축의 개수의 차)=6-3=3(개)

01-3 1개

❶ 선대칭도형 가와 나의 대칭축을 각각 그려서 개수를 알아봅니다.

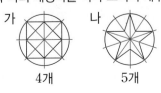

가   나
4개   5개

❷ (가와 나의 대칭축의 개수의 차)=5-4=1(개)

대표 유형 02 12 cm

❶ 서로 합동인 두 삼각형에서 각각의 대응변의 길이가 서로 같으므로

(변 ㅁㄷ)＝(변 ㄴㄷ)＝ 5 cm

❷ (변 ㄹㄷ)＝(변 ㄱㄷ)＝(선분 ㄱㅁ)＋(변 ㅁㄷ)

＝7＋ 5 ＝ 12 (cm)

예제 15 cm

❶ 서로 합동인 두 삼각형에서 각각의 대응변의 길이가 서로 같으므로

(변 ㄷㅁ)＝(변 ㄷㄱ)＝8 cm

❷ (변 ㄷㄹ)＝(변 ㄷㄴ)＝(변 ㄷㅁ)＋(선분 ㅁㄴ)

＝8＋7＝15 (cm)

02-1 50 cm

❶ 서로 합동인 두 삼각형에서 각각의 대응변의 길이가 서로 같으므로

(변 ㄷㅁ)＝(변 ㄱㄷ)＝12 cm, (변 ㄴㄷ)＝(변 ㄹㅁ)＝13 cm,

(변 ㄹㄷ)＝(변 ㄴㄱ)＝5 cm

❷ (선분 ㄴㄹ)＝(변 ㄴㄷ)－(변 ㄹㄷ)＝13－5＝8 (cm)

❸ (도형 전체의 둘레)＝5＋8＋13＋12＋12＝50 (cm)

02-2 60 cm

❶ 서로 합동인 두 삼각형에서 각각의 대응변의 길이가 서로 같으므로

(변 ㄴㄷ)＝(변 ㄷㄹ)＝24 cm, (변 ㄷㄱ)＝(변 ㄹㅁ)＝26 cm

❷ (변 ㄱㄴ)＝(변 ㅁㄷ)＝(변 ㄴㄷ)－(선분 ㄴㅁ)＝24－14＝10 (cm)

❸ (삼각형 ㄱㄴㄷ의 둘레)＝10＋24＋26＝60 (cm)

02-3 17 cm

❶ 서로 합동인 두 삼각형에서 각각의 대응변의 길이가 서로 같으므로

(변 ㄱㄷ)＝(변 ㄱㅁ)＝24 cm

❷ (변 ㄱㄴ)＝56－24－25＝7 (cm)

❸ (변 ㄱㄹ)＝(변 ㄱㄴ)＝7 cm이므로

(선분 ㄹㄷ)＝(변 ㄱㄷ)－(변 ㄱㄹ)＝24－7＝17 (cm)

대표 유형 03 70°

❶ 서로 합동인 두 삼각형에서 각각의 대응각의 크기가 서로 같으므로

(각 ㄴㄷㄱ)＝(각 ㄷㄴㄹ)＝ 35 °

❷ 삼각형 ㅁㄴㄷ에서 (각 ㄷㅁㄴ)＝180°－ 35 °－ 35 °＝ 110 °

❸ 한 직선이 이루는 각의 크기는 180°이므로

(각 ㄹㅁㄷ)＝180°－(각 ㄷㅁㄴ)

＝180°－ 110 °＝ 70 °

예제 84°

❶ 서로 합동인 두 삼각형에서 각각의 대응각의 크기가 서로 같으므로

(각 ㄴㄷㄱ)＝(각 ㄷㄴㄹ)＝42°

❷ 삼각형 ㅁㄴㄷ에서 (각 ㄷㅁㄴ)＝180°－42°－42°＝96°

❸ 한 직선이 이루는 각의 크기는 180°이므로

(각 ㄹㅁㄷ)＝180°－(각 ㄷㅁㄴ)

＝180°－96°＝84°

03-1 150°

① (각 ㄱㄷㄴ)=180°−30°−90°=60°
② 서로 합동인 두 삼각형에서 각각의 대응각의 크기가 서로 같으므로
  (각 ㄹㅁㄴ)=(각 ㄱㄷㄴ)=60°
③ 사각형 ㅂㅁㄴㄷ에서
  (각 ㄷㅂㅁ)=360°−60°−60°−90°=150°

03-2 65°

① 서로 합동인 두 삼각형에서 각각의 대응각의 크기가 서로 같으므로
  (각 ㄱㄴㄷ)=(각 ㄹㄴㄷ)=(180°−130°)÷2=25°
② 삼각형 ㄱㄴㄷ에서
  (각 ㄱㄴㄷ)=180°−90°−25°=65°

03-3 45°

① (각 ㄷㄱㄴ)=180°−90°−30°=60°
② 서로 합동인 두 삼각형에서 각각의 대응각의 크기가 서로 같으므로
  (각 ㅁㄱㄹ)=(각 ㄷㄱㄴ)=60°
③ 한 직선이 이루는 각의 크기는 180°이므로
  (각 ㄱㄷㅁ)=180°−30°−60°=90°
④ 삼각형 ㄱㄷㅁ은 (변 ㄱㄷ)=(변 ㄷㅁ)이므로 이등변삼각형입니다.
  (각 ㄱㅁㄷ)=(180°−90°)÷2=45°

대표 유형 04 110°

① 선대칭도형은 대칭축에 의해 도형이 둘로 똑같이 나누어지므로
  (각 ㄹㄱㄴ)=(각 ㅂㄱㄴ)÷2=110°÷2= 55 °
② (각 ㄴㄷㄹ)=(각 ㅂㅁㄹ)= 85 °
③ (각 ㄱㄴㄷ)=360°−(각 ㄹㄱㄴ)−(각 ㄴㄷㄹ)−(각 ㄷㄹㄱ)
  =360°− 55 °− 85 °−110°= 110 °

예제 30°

① 선대칭도형은 대칭축에 의해 도형이 둘로 똑같이 나누어지므로
  (각 ㄷㅂㄱ)=220°÷2=110°
② (각 ㄱㄴㄷ)=(각 ㅁㄹㄷ)=130°
③ (각 ㅂㄱㄴ)=360°−(각 ㄷㅂㄱ)−(각 ㄱㄴㄷ)−(각 ㄴㄷㅂ)
  =360°−110°−130°−90°=30°

04-1 25°

① 선대칭도형은 대칭축에 의해 도형이 둘로 똑같이 나누어지므로
  (각 ㅁㄹㄱ)=(각 ㄷㄹㄱ)÷2=110°÷2=55°
② 한 직선이 이루는 각의 크기는 180°이므로
  (각 ㄴㄹㄱ)=180°−(각 ㅁㄹㄱ)=180°−55°=125°
③ (각 ㄹㄱㄴ)=180°−(각 ㄴㄹㄱ)−(각 ㄱㄴㄹ)
  =180°−125°−30°=25°

04-2 38°

❶ 선대칭도형은 대칭축에 의해 도형이 둘로 똑같이 나누어지므로

    (각 ㄹㄱㄷ)=(각 ㄹㄱㄴ)÷2=114°÷2=57°

❷ 한 직선이 이루는 각의 크기는 180°이므로

    (각 ㄱㄴㄷ)=180°−95°=85°

❸ (각 ㄱㄹㄷ)=(각 ㄱㄴㄷ)=85°이므로

    (각 ㄱㄷㄹ)=180°−(각 ㄹㄱㄷ)−(각 ㄱㄹㄷ)

              =180°−57°−85°=38°

04-3 75°

❶ 한 직선이 이루는 각의 크기는 180°이므로

    (각 ㅂㄱㄴ)=180°−50°=130°

❷ 선대칭도형은 대칭축에 의해 도형이 둘로 똑같이 나누어지므로

    (각 ㅂㄱㄹ)=(각 ㅂㄱㄴ)÷2=130°÷2=65°

❸ (각 ㅁㅂㄱ)=(각 ㄷㄴㄱ)=100°, (각 ㄱㄹㅁ)=90°

❹ (각 ㄹㅁㅂ)=360°−65°−90°−100°=105°이므로

    ㉠=180°−105°=75°

대표 유형 05 54 cm

❶ 각각의 대응점에서 대칭의 중심까지의 거리가 서로 같습니다.

    (선분 ㅂㅇ)=(선분 ㄷㅇ)= $\boxed{6}$ cm이므로

    (변 ㅁㅂ)=17−6−6= $\boxed{5}$ (cm)

❷ (점대칭도형의 둘레)=(12+10+ $\boxed{5}$)×2= $\boxed{54}$ (cm)

예제 42 cm

❶ 각각의 대응점에서 대칭의 중심까지의 거리가 서로 같습니다.

    (선분 ㄷㅇ)=(선분 ㅂㅇ)=4 cm이므로

    (변 ㄱㅂ)=13−4−4=5 (cm)

❷ (점대칭도형의 둘레)=(5+9+7)×2=42 (cm)

05-1 52 cm

❶ (선분 ㅅㄹ)=(변 ㅂㅁ)=10 cm이고 (선분 ㄷㅈ)=(선분 ㅅㅈ)=3 cm이므로

    (변 ㄷㄹ)=10−3−3=4 (cm)

❷ (변 ㄴㄷ)=(변 ㅂㅅ)=(변 ㅁㄹ)=(변 ㄱㅇ)=6 cm이므로

    (점대칭도형의 둘레)=(6+10+6+4)×2=52 (cm)

05-2 168 cm

❶ (변 ㅅㅇ)=(변 ㄷㄹ)=12 cm이므로

    (선분 ㅇㅈ)=(선분 ㄹㅈ)=18−12=6 (cm)

❷ (정사각형의 한 변의 길이)=18+6=24 (cm)

❸ (점대칭도형의 둘레)=(24+24+24+12)×2=168 (cm)

05-3 3 cm

❶ (변 ㄹㅁ)=(변 ㅇㄱ)=10 cm

❷ 변 ㄷㄴ의 길이를 ☐cm라 하면

    (☐+7+10+6)×2=58, ☐+7+10+6=29, ☐=6

❸ (선분 ㄴㅈ)=(12−6)÷2=3 (cm)

풀이 참조, 24 cm²

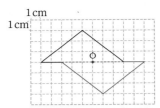

❶ 위 그림에서 점 ㅇ을 대칭의 중심으로 하는 점대칭도형을 완성합니다.

→ 완성한 점대칭도형의 넓이는 밑변의 길이가 $\boxed{8}$ cm, 높이가 3 cm인 삼각형의 넓이의 2배와 같습니다.

❷ (완성한 점대칭도형의 넓이)=($\boxed{8}$×3÷2)×2=$\boxed{24}$ (cm²)

예제 풀이 참조, 18 cm²

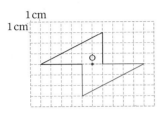

❶ 점 ㅇ을 대칭의 중심으로 하는 점대칭도형을 완성하면 완성한 점대칭도형의 넓이는 밑변의 길이가 6 cm, 높이가 3 cm인 삼각형의 넓이의 2배와 같습니다.

❷ (완성한 점대칭도형의 넓이)=(6×3÷2)×2=18 (cm²)

06-1 풀이 참조, 36 cm²

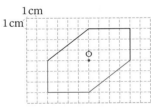

❶ 점 ㅇ을 대칭의 중심으로 하는 점대칭도형을 완성하면 완성한 점대칭도형의 넓이는 윗변의 길이가 4 cm, 아랫변의 길이가 8 cm, 높이가 3 cm인 사다리꼴의 넓이의 2배와 같습니다.

❷ (완성한 점대칭도형의 넓이)=(4+8)×3÷2×2=36 (cm²)

06-2 풀이 참조, 128 cm²

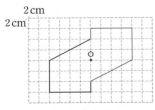

❶ 점 ㅇ을 대칭의 중심으로 하는 점대칭도형을 완성하면 완성한 점대칭도형의 넓이는 윗변의 길이가 6 cm, 아랫변의 길이가 10 cm, 높이가 8 cm인 사다리꼴의 넓이의 2배와 같습니다.

❷ (완성한 점대칭도형의 넓이)=(6+10)×8÷2×2=128 (cm²)

06-3 3 cm

❶
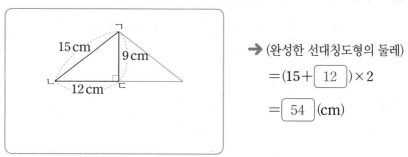

점 ㅇ을 대칭의 중심으로 하는 점대칭도형을 완성하면 완성한 점대칭도형의 넓이는 가로가 4칸, 세로가 5칸인 직사각형의 넓이의 2배와 같습니다.

❷ 모눈 한 칸의 넓이를 □ cm²라 하면

$4 \times 5 \times 2 \times \square = 360$, $40 \times \square = 360$, $\square = 9$

❸ $3 \times 3 = 9$이므로 모눈 한 칸의 한 변의 길이는 3 cm입니다.

대표 유형 07 54 cm, 48 cm

❶ 변 ㄱㄷ을 대칭축으로 하는 선대칭도형을 완성하고, 완성한 선대칭도형의 둘레를 구합니다.

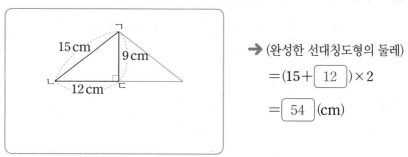

→ (완성한 선대칭도형의 둘레)

$= (15 + \boxed{12}) \times 2$

$= \boxed{54}$ (cm)

❷ 변 ㄴㄷ을 대칭축으로 하는 선대칭도형을 완성하고, 완성한 선대칭도형의 둘레를 구합니다.

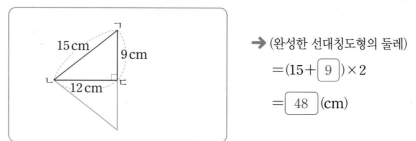

→ (완성한 선대칭도형의 둘레)

$= (15 + \boxed{9}) \times 2$

$= \boxed{48}$ (cm)

예제 50 cm, 36 cm

❶ 대칭축이 변 ㄱㄴ일 때

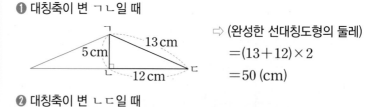

⇨ (완성한 선대칭도형의 둘레)

$= (13 + 12) \times 2$

$= 50$ (cm)

❷ 대칭축이 변 ㄴㄷ일 때

⇨ (완성한 선대칭도형의 둘레)

$= (5 + 13) \times 2$

$= 36$ (cm)

07-1 46 cm, 52 cm

❶ 대칭축이 변 ㄱㄴ일 때

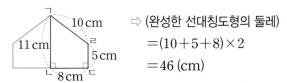

⇨ (완성한 선대칭도형의 둘레)
　　=(10+5+8)×2
　　=46 (cm)

❷ 대칭축이 변 ㄴㄷ일 때

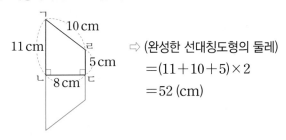

⇨ (완성한 선대칭도형의 둘레)
　　=(11+10+5)×2
　　=52 (cm)

07-2 46 cm

❶ 둘레가 가장 짧을 때는 가장 긴 변인 변 ㄱㄴ을 대칭축으로 하는
선대칭도형을 만들었을 때입니다.

❷ (만든 선대칭도형의 둘레)=(6+8+9)×2=46 (cm)

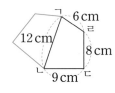

대표 유형 08 128 cm²

❶ 삼각형 ㄴㅁㅂ과 삼각형 ㄹㄷㅂ은 서로 합동이므로 각각의 대응변의 길이가 서로 같습니다.

(변 ㄹㄷ)=(변 ㄴㅁ)= 8 cm,

(변 ㅂㄷ)=(변 ㅂㅁ)= 6 cm이므로 (변 ㄴㄷ)=10+ 6 = 16 (cm)

❷ (직사각형 ㄱㄴㄷㄹ의 넓이)= 16 ×8= 128 (cm²)

예제 800 cm²

❶ 삼각형 ㄱㄴㅁ과 삼각형 ㄷㅂㅁ은 서로 합동이므로 각각의 대응변의 길이가 서로 같습니다.

(변 ㄱㄴ)=(변 ㄷㅂ)=20 cm,

(변 ㄴㅁ)=(변 ㅂㅁ)=15 cm이므로 (변 ㄴㄷ)=15+25=40 (cm)

❷ (직사각형 ㄱㄴㄷㄹ의 넓이)=40×20=800 (cm²)

08-1 528 cm²

❶ 사각형 ㄱㄴㅇㅅ과 사각형 ㅂㅁㅈㅅ, 사각형 ㅁㅂㅇㅈ과 사각형 ㄹㄷㅇㅈ은 각각 서로 합동이므로 각각의 대응변의 길이가 서로 같습니다.

(변 ㄱㄴ)=(변 ㅂㅁ)=12 cm, (변 ㄱㅅ)=(변 ㅂㅅ)=10 cm,

(변 ㅈㄹ)=(변 ㅈㅁ)=19 cm이므로

(변 ㄱㄹ)=10+15+19=44 (cm)

❷ (직사각형 ㄱㄴㄷㄹ의 넓이)=44×12=528 (cm²)

08-2 864 cm²

❶ (변 ㄱㄴ)=120×2÷10=24 (cm)

❷ 삼각형 ㄱㄴㅁ과 삼각형 ㄷㅂㅁ은 서로 합동이므로 각각의 대응변의 길이가 서로 같습니다.

(변 ㅁㄷ)=(변 ㅁㄱ)=26 cm이므로 (변 ㄴㄷ)=10+26=36 (cm)

❸ (직사각형 ㄱㄴㄷㄹ의 넓이)=36×24=864 (cm²)

08-3 15 cm

❶ 삼각형 ㄱㄴㅂ과 삼각형 ㅁㄹㅂ은 서로 합동이므로 각각의 대응변의 길이가 서로 같습니다.
(변 ㄱㅂ)=(변 ㅁㅂ)=9 cm, (변 ㄱㄴ)=(변 ㅁㄹ)=12 cm

❷ 선분 ㅂㄹ의 길이를 □cm라 하면
$(9+□)×12=288$, $9+□=24$, $□=15$
⇨ 선분 ㅂㄹ의 길이는 15 cm입니다.

대표 유형 09 2002

❶ 주어진 숫자 중 어떤 점을 중심으로 180° 돌렸을 때 숫자인 것: 0, 2, 6, 9

❷ ❶의 숫자 중 0을 제외한 가장 작은 수를 천의 자리에 쓰고 점대칭이 되도록 일의 자리에 숫자를 씁니다. → 2 [ ] [ ] 2

❸ ❶의 숫자 중 가장 작은 수를 백의 자리에 쓰고 점대칭이 되도록 십의 자리에 숫자를 써서 가장 작은 네 자리 수를 만듭니다. → 2 0 0 2

예제 5695

❶ 주어진 숫자 중 어떤 점을 중심으로 180° 돌렸을 때 숫자인 것: 8, 6, 5, 9

❷ ❶의 숫자 중 가장 작은 수를 천의 자리에 쓰고 점대칭이 되도록 일의 자리에 숫자를 씁니다.
⇨ 5 □ □ 5

❸ ❶의 숫자 중 5를 제외한 가장 작은 수를 백의 자리에 쓰고 점대칭이 되도록 십의 자리에 숫자를 씁니다. ⇨ 5695

09-1 5개

❶ 주어진 숫자 중 어떤 점을 중심으로 180° 돌렸을 때 숫자인 것: 1, 0, 2, 8

❷ 2112보다 작고 점대칭이 되는 네 자리 수: 1001, 1111, 1221, 1881, 2002 ⇨ 5개

09-2 6개

❶ 주어진 숫자 중 어떤 점을 중심으로 180° 돌렸을 때 숫자인 것: 0, 6, 8, 9

❷ 8698보다 크고 점대칭이 되는 네 자리 수: 8888, 8968, 9006, 9696, 9886, 9966
⇨ 6개

09-3 6개

❶ 주어진 숫자 중 어떤 점을 중심으로 180° 돌렸을 때 숫자인 것: 2, 0, 5

❷ 점대칭이 되는 네 자리 수: 2002, 2222, 2552, 5005, 5225, 5555 ⇨ 6개

실전 적용

86~89쪽

01 ㉣

❶ 각각의 선대칭도형에 대칭축을 모두 그려 보고, 대칭축의 개수를 알아봅니다.

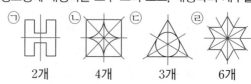

㉠ 2개   ㉡ 4개   ㉢ 3개   ㉣ 6개

❷ 대칭축의 개수가 가장 많은 것은 ㉣입니다.

02 48 cm

❶ 서로 합동인 두 삼각형에서 각각의 대응변의 길이가 서로 같으므로
(변 ㄱㄴ)=(변 ㅁㄹ)=20 cm, (변 ㅁㄷ)=(변 ㄱㄷ)=16 cm
❷ (변 ㄴㄷ)=16−4=12 (cm)
❸ (삼각형 ㄱㄴㄷ의 둘레)=20+12+16=48 (cm)

03 풀이 참조, 30 cm²

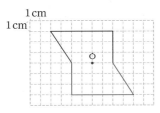

❶ 점 ㅇ을 대칭의 중심으로 하는 점대칭도형을 완성하면 완성한 점대칭도형의 넓이는 윗변의 길이가 6 cm, 아랫변의 길이가 4 cm, 높이가 3 cm인 사다리꼴의 넓이의 2배와 같습니다.
❷ (완성한 점대칭도형의 넓이)=(6+4)×3÷2×2=30 (cm²)

04 112°

❶ 선대칭도형은 대칭축에 의해 도형이 둘로 똑같이 나누어지므로
(각 ㅂㄱㄹ)=(각 ㅂㄱㄴ)÷2=80°÷2=40°
❷ 한 직선이 이루는 각의 크기는 180°이므로
(각 ㄹㅁㅂ)=180°−62°=118°
❸ 사각형 ㄱㄹㅁㅂ에서 (각 ㄱㄹㅁ)=90°이므로
(각 ㅁㅂㄱ)=360°−(각 ㅂㄱㄹ)−(각 ㄱㄹㅁ)−(각 ㄹㅁㅂ)
=360°−40°−90°−118°=112°

05 56 cm, 72 cm

❶ 대칭축이 변 ㄴㄷ일 때

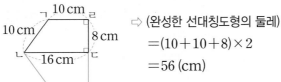

⇨ (완성한 선대칭도형의 둘레)
=(10+10+8)×2
=56 (cm)

❷ 대칭축이 변 ㄹㄷ일 때

⇨ (완성한 선대칭도형의 둘레)
=(10+10+16)×2
=72 (cm)

06 3 cm

❶ 점대칭도형을 완성하면 오른쪽과 같습니다.
❷ 변 ㄴㄹ의 길이를 □ cm라 하면
(9+15+□)×2=60, 9+15+□=30, □=6
❸ (선분 ㅇㄷ)=(12−6)÷2=3 (cm)

07 120 cm

❶ (변 ㄹㄷ)=150×2÷15=20 (cm)
❷ 삼각형 ㄴㅂㅁ과 삼각형 ㄹㅂㄷ은 서로 합동이므로 각각의 대응변의 길이가 서로 같습니다.
   (변 ㄴㅂ)=(변 ㄹㅂ)=25 cm이므로 (변 ㄴㄷ)=25+15=40 (cm)
❸ (직사각형 ㄱㄴㄷㄹ의 둘레)=(40+20)×2=120 (cm)

08 115°

❶ 삼각형 ㄱㄴㄷ에서 (각 ㄷㄱㄴ)=180°−65°−40°=75°
❷ 서로 합동인 도형에서 각각의 대응각의 크기가 서로 같으므로
   (각 ㄹㅁㅂ)=(각 ㅂㄱㄹ)=75°, (각 ㄹㅁㄴ)=(각 ㅂㄷㅁ)=40°
❸ (각 ㄴㅁㅂ)=(각 ㄹㅁㅂ)+(각 ㄹㅁㄴ)
         =75°+40°=115°

> **다른 풀이**
>
> 삼각형 ㄹㄴㅁ과 삼각형 ㅂㅁㄷ은 서로 합동이므로
> (각 ㅂㅁㄷ)=(각 ㄹㄴㅁ)=65°입니다.
> ⇨ 한 직선이 이루는 각의 크기는 180°이므로
>   (각 ㄴㅁㅂ)=180°−65°=115°

09 25°

❶ (각 ㄱㄴㄷ)=(각 ㄹㅁㄷ)이므로
   사각형 ㅁㅂㄴㄷ에서 (각 ㄱㄴㄷ)=(360°−90°−140°)÷2=65°
❷ 삼각형 ㄱㄴㄷ에서 (각 ㄷㄱㄴ)=180°−90°−65°=25°

10 8개

❶ 8558보다 크고 점대칭이 되는 네 자리 수:
   8698, 8888, 8968, 9006, 9556, 9696, 9886, 9966
❷ 만들 수 있는 네 자리 수는 모두 8개입니다.

11 35°

❶ 삼각형 ㄱㄴㄹ은 선분 ㄱㄷ을 대칭축으로 하는 선대칭도형이므로
   (각 ㄱㄹㄷ)=(각 ㄱㄴㄷ)=55°
❷ 삼각형 ㄱㄷㄹ에서 (각 ㄱㄷㄹ)=90°이므로
   (각 ㄷㄱㄹ)=180°−90°−55°=35°
❸ 사각형 ㄱㄷㄹㅁ은 선분 ㄱㄹ을 대칭축으로 하는 선대칭도형이므로
   (각 ㅁㄱㄹ)=(각 ㄷㄱㄹ)=35°

12 150 cm²

❶ (각 ㄹㄱㄷ)=(각 ㄴㄱㄷ)=30°이므로
   (각 ㄴㄱㄹ)=(각 ㄴㄱㄷ)+(각 ㄹㄱㄷ)=30°+30°=60°
   (변 ㄱㄴ)=(변 ㄱㄹ)이므로 (각 ㄱㄴㄹ)=(각 ㄱㄹㄴ)=(180°−60°)÷2=60°
   ⇨ 삼각형 ㄱㄴㄹ은 정삼각형입니다.
❷ (선분 ㄴㄹ)=(변 ㄱㄴ)=20 cm이므로 (선분 ㄴㅅ)=20÷2=10 (cm)
❸ (삼각형 ㄱㄴㄷ의 넓이)=15×10÷2=75 (cm²)이므로
   (선대칭도형의 넓이)=75×2=150 (cm²)

4 소수의 곱셈

(소수)×(자연수), (자연수)×(소수)

01 (1) 4.5 (2) 24.92 (3) 3.87 (4) 34
02 (1) 128.7 (2) 105.11
03 (1) 3.75 m (2) 9.24 m
04 (1) > (2) <
05 3.15 m
06 8.1 km

03 (1) $0.75 \times 5 = 3.75$ (m)
(2) $1.54 \times 6 = 9.24$ (m)

04 (1) $24 \times 3.7 = 88.8 \Rightarrow 24 \times 3.7 > 80$
(2) $1.38 \times 16 = 22.08 \Rightarrow 1.38 \times 16 < 30$

05 $0.63 \times 5 = 3.15$ (m)

06 $1.35 \times 6 = 8.1$ (km)

(소수)×(소수)

01 (1) 0.36 (2) 0.988 (3) 4.32 (4) 7.412
02 0.294 m²
03 9.645
04 (1) (계산 순서대로) 1.35, 4.455, 4.455
(2) (계산 순서대로) 2.97, 4.455, 4.455

02 (평행사변형의 넓이)=(밑변의 길이)×(높이)
$= 0.98 \times 0.3 = 0.294$ (m²)

03 가장 큰 수: 6.43, 가장 작은 수: 1.5
$\Rightarrow 6.43 \times 1.5 = 9.645$

곱의 소수점의 위치

01 (1) 65, 6.5, 0.65 (2) 2.45, 24.5, 245
02 ㉢
03 (1) 100 (2) 10 (3) 0.1 (4) 0.01
04 ㉠
05 0.416, 0.27

---

01 (1) 곱의 소수점이 왼쪽으로 이동합니다.
$650 \times \quad 0.1 = 65$
$650 \times \quad 0.01 = 6.5$
$650 \times 0.001 = 0.65$
(2) 곱의 소수점이 오른쪽으로 이동합니다.
$0.245 \times \quad 10 = 2.45$
$0.245 \times \quad 100 = 24.5$
$0.245 \times 1000 = 245$

02 ㉠ 61.2 ㉡ 61.2 ㉢ 6.12이므로 계산 결과가 다른 하나는 ㉢입니다.

03 (1) 4.56에서 소수점이 오른쪽으로 2칸 이동하면 456이 되므로 □=100
(2) 0.456에서 소수점이 오른쪽으로 1칸 이동하면 4.56이 되므로 □=10
(3) 8.2에서 소수점이 왼쪽으로 1칸 이동하면 0.82가 되므로 □=0.1

> **참고**
> 8.2에서 소수점이 왼쪽으로 1칸 이동하면 0.82가 되므로 □=$\frac{1}{10}$이라고 할 수 있습니다.

(4) 730에서 소수점이 왼쪽으로 2칸 이동하면 7.30이 되므로 □=0.01

> **참고**
> 730에서 소수점이 왼쪽으로 2칸 이동하면 7.3이 되므로 □=$\frac{1}{100}$이라고 할 수 있습니다.

04 ㉠ $540 \times 0.001 = 0.54 \Rightarrow □ = 0.001$
㉡ $0.01 \times 789 = 7.89 \Rightarrow □ = 0.01$
㉢ $0.34 \times 10 = 3.4 \Rightarrow □ = 10$

05 • $\underset{\text{자연수}}{27} \times □ = \underset{\text{소수 세 자리 수}}{11.232}$
$\Rightarrow$ (자연수)×□=(소수 세 자리 수)에서
□는 소수 세 자리 수이므로 □=0.416
• $□ \times \underset{\substack{\text{소수} \\ \text{두 자리 수}}}{4.16} = \underset{\text{소수 네 자리 수}}{1.1232}$
$\Rightarrow$ □×(소수 두 자리 수)=(소수 네 자리 수)에서
□는 소수 두 자리 수이므로 □=0.27

대표 유형 01 37.8

❶ 어떤 수를 ■라 하고 잘못 계산한 식을 씁니다.

$$■ - 3.5 = \boxed{7.3}$$

❷ ■ $-3.5=7.3$에서 ■의 값을 구합니다.

$$■ = 7.3 + \boxed{3.5}$$

$$■ = \boxed{10.8}$$

❸ 바르게 계산하면 ■ $\times 3.5 = \boxed{10.8} \times 3.5$

$$= \boxed{37.8}$$

예제 74.2

❶ 어떤 수를 □라 하고 잘못 계산한 식을 쓰면 □ $+14=19.3$입니다.

❷ □ $=19.3-14$, □ $=5.3$

❸ 바르게 계산하면 $5.3 \times 14 = 74.2$

01-1 24.7

❶ 어떤 수를 □라 하고 잘못 계산한 식을 쓰면 □ $-2.6=6.9$입니다.

❷ □ $=6.9+2.6=9.5$

❸ 바르게 계산하면 $9.5 \times 2.6 = 24.7$

01-2 67.13

❶ 어떤 수를 □라 하고 잘못 계산한 식을 쓰면 □ $+4.9=18.6$입니다.

❷ □ $=18.6-4.9=13.7$

❸ 바르게 계산하면 $13.7 \times 4.9 = 67.13$

01-3 254.8

❶ 어떤 수를 □라 하고 잘못 계산한 식을 쓰면 □ $+28=37.1$입니다.

❷ □ $=37.1-28=9.1$

❸ 바르게 계산하면 $9.1 \times 28 = 254.8$

대표 유형 02 6개

❶ $1.8 \times 9 = \boxed{16.2}$, $6 \times 3.7 = \boxed{22.2}$ 입니다.

❷ □ 안에 들어갈 수 있는 자연수는 $\boxed{17}$ 부터 $\boxed{22}$ 까지이므로

모두 $\boxed{6}$ 개입니다.

예제 5개

❶ $2.3 \times 8 = 18.4$, $7 \times 3.4 = 23.8$이므로 $18.4 <$ □ < 23.8입니다.

❷ □ 안에 들어갈 수 있는 자연수는 19, 20, 21, 22, 23이므로 모두 5개입니다.

02-1
26, 27, 28, 29, 30

❶ $3.64 \times 7 = 25.48$, $4.38 \times 7 = 30.66$이므로 $25.48 <$ □ < 30.66입니다.

❷ □ 안에 들어갈 수 있는 자연수는 26, 27, 28, 29, 30입니다.

02-2 66
    ❶ $4.52 \times 6 = 27.12$, $7 \times 5.43 = 38.01$이므로 $27.12 < \square < 38.01$입니다.

    ❷ $\square$ 안에 들어갈 수 있는 자연수 중에서 가장 큰 수는 38, 가장 작은 수는 28이므로
        $38 + 28 = 66$입니다.

02-3 8개
    ❶ $2.7 \times 2 = 5.4$, $0.8 \times 19 = 15.2$이므로 $5.4 < \square < 15.2$입니다.

        ⇨ $\square$ 안에 들어갈 수 있는 자연수는 6부터 15까지

    ❷ $12 \times 0.6 = 7.2$, $6 \times 3.4 = 20.4$이므로 $7.2 < \square < 20.4$입니다.

        ⇨ $\square$ 안에 들어갈 수 있는 자연수는 8부터 20까지

    ❸ 따라서 $\square$ 안에 공통으로 들어갈 수 있는 자연수는 8부터 15까지이므로 모두 8개입니다.

대표 유형 03 7
    ❶ 가 대신 0.6을, 나 대신 $\boxed{2.8}$ 을 넣어 식을 쓰고 계산합니다.

    ❷ $0.6 \blacksquare 2.8 = 0.6 \times 7 + \boxed{2.8}$

            $= 4.2 + \boxed{2.8}$

            $= \boxed{7}$

예제 15.4
    ❶ 가 대신 8을, 나 대신 1.3을 넣어 식을 쓰고 계산합니다.

    ❷ $8 \blacklozenge 1.3 = 8 \times 1.3 + 5$

          $= 10.4 + 5$

          $= 15.4$

03-1 123
    ❶ 가 대신 9를, 나 대신 12.3을 넣어 식을 쓰고 계산합니다.

    ❷ $9 \spadesuit 12.3 = 9 \times 12.3 + 12.3$

          $= 110.7 + 12.3$

          $= 123$

03-2 58.2
    ❶ 가 대신 6을, 나 대신 3.7을 넣어 식을 쓰고 계산합니다.

    ❷ $6 \spadesuit 3.7 = 6 \times (6 + 3.7)$

          $= 6 \times 9.7$

          $= 58.2$

03-3 12.3
    ❶ 가 대신 0.8을, 나 대신 13.4를 넣어 식을 쓰고 계산합니다.

    ❷ $0.8 \heartsuit 13.4 = 7 \times 0.8 + 13.4 \times 0.5$

           $= 5.6 + 6.7$

           $= 12.3$

03-4 114
    ❶ $8 \odot 3.4$의 값은 가 대신 8을, 나 대신 3.4를 넣어 식을 쓰고 계산합니다.

       $8 \odot 3.4 = 8 \times 3.4 - 3.4$

           $= 27.2 - 3.4$

           $= 23.8$

    ❷ $8 \odot 3.4 = 23.8$이므로 $23.8 \odot 5$의 값은 가 대신 23.8을, 나 대신 5를 넣어 식을 쓰고 계산합니다.

       $23.8 \odot 5 = 23.8 \times 5 - 5$

           $= 119 - 5$

           $= 114$

대표 유형 04 82.6 cm

❶ 길이가 13.6 cm인 색 테이프 7장의 길이의 합은

$13.6 \times \boxed{7} = \boxed{95.2}$ (cm)입니다.

❷ 겹치는 부분은 모두 $\boxed{6}$ 군데이므로 겹치는 부분의 길이의 합은

$2.1 \times \boxed{6} = \boxed{12.6}$ (cm)입니다.

❸ (이어 붙인 색 테이프의 전체 길이)

= (색 테이프 7장의 길이의 합) − (겹치는 부분의 길이의 합)

= $\boxed{95.2} - \boxed{12.6} = \boxed{82.6}$ (cm)

예제 73.5 cm

❶ 길이가 9.8 cm인 색 테이프 8장의 길이의 합은 $9.8 \times 8 = 78.4$ (cm)입니다.

❷ 겹치는 부분은 모두 7군데이므로 겹치는 부분의 길이의 합은 $0.7 \times 7 = 4.9$ (cm)입니다.

❸ (이어 붙인 색 테이프의 전체 길이)

= (색 테이프 8장의 길이의 합) − (겹치는 부분의 길이의 합)

= $78.4 - 4.9 = 73.5$ (cm)

04-1 138.4 cm

❶ 길이가 9.4 cm인 색 테이프 16장의 길이의 합은 $9.4 \times 16 = 150.4$ (cm)입니다.

❷ 겹치는 부분은 모두 15군데이므로 겹치는 부분의 길이의 합은 $0.8 \times 15 = 12$ (cm)입니다.

❸ (이어 붙인 색 테이프의 전체 길이)

= (색 테이프 16장의 길이의 합) − (겹치는 부분의 길이의 합)

= $150.4 - 12 = 138.4$ (cm)

04-2 2 cm

❶ 길이가 15.5 cm인 색 테이프 13장의 길이의 합은 $15.5 \times 13 = 201.5$ (cm)입니다.

❷ 겹치는 부분은 12군데이고 □ cm씩 겹치게 이어 붙였다면 겹치는 부분의 길이의 합은 (□ × 12) cm입니다.

❸ 이어 붙인 색 테이프의 전체 길이는 177.5 cm이므로 $201.5 - (□ \times 12) = 177.5$입니다.

$201.5 - (□ \times 12) = 177.5$, $□ \times 12 = 24$, $□ = 24 \div 12$, $□ = 2$

대표 유형 05 37.8

❶ 7 > 5 > 4이므로 일의 자리에 $\boxed{7}$ 과 $\boxed{5}$ 를 놓아야 합니다.

❷ ❶의 두 수를 일의 자리에 놓아서 만들 수 있는 곱셈식은

$5.4 \times 7 = \boxed{37.8}$, $7.4 \times 5 = \boxed{37}$ 입니다.

❸ 곱이 가장 클 때의 곱은 $\boxed{37.8}$ 입니다.

예제 7.2

❶ 2 < 3 < 6이므로 일의 자리에 2와 3을 놓아야 합니다.

❷ $2 \times 3.6 = 7.2$, $3 \times 2.6 = 7.8$

❸ 곱이 가장 작을 때의 곱은 7.2입니다.

05-1 47.45

❶ 7 > 6 > 5 > 3이므로 일의 자리에 7과 6을 놓아야 합니다.

❷ $7.5 \times 6.3 = 47.25$, $7.3 \times 6.5 = 47.45$

❸ 47.45 > 47.25이므로 곱이 가장 클 때의 곱은 47.45입니다.

05-2 13.72

❶ 2<4<8<9이므로 일의 자리에 2와 4를 놓아야 합니다.

❷ 2.8×4.9=13.72, 2.9×4.8=13.92

❸ 13.72<13.92이므로 곱이 가장 작을 때의 곱은 13.72입니다.

05-3 64.008

❶ 8>7>6>4>2이므로 일의 자리에 8과 7을 놓고 6과 4를 소수 첫째 자리에 놓아야 합니다.

❷ 소수 두 자리 수와 소수 한 자리 수의 곱이므로

8.62×7.4=63.788, 8.42×7.6=63.992, 7.62×8.4=64.008,

7.42×8.6=63.812

❸ 64.008>63.992>63.812>63.788이므로 곱이 가장 클 때의 곱은 64.008입니다.

대표 유형 06 10000배

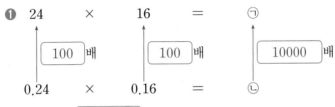

❷ ㉠은 ㉡의 $\boxed{10000}$ 배입니다.

예제 100배

❶ 320 × 18 = ㉠

　　↑10배　↑10배　↑100배

　32 × 1.8 = ㉡

❷ ㉠은 ㉡의 100배입니다.

06-1 100배

❶ 6.3 × 1.08 = ●

　　↑10배　　↑10배　　↑100배

　0.63 × 0.108 = ▲

❷ 6.3×1.08은 0.63×0.108의 100배입니다.

06-2 8.93, 89.3

❶ 47 × 19 = 893

　　↓$\frac{1}{10}$배　↓$\frac{1}{10}$배　↓$\frac{1}{100}$배

　4.7 × 1.9 = 8.93

❷ 47 × 19 = 893

　　↓10배　↓$\frac{1}{100}$배　↓$\frac{1}{10}$배

　470 × 0.19 = 89.3

06-3 0.38

❶ 16 × 3.8 × 240 = 14592

　　↓$\frac{1}{100}$배　↓?　↓$\frac{1}{10}$배　↓$\frac{1}{10000}$배

　0.16 × $\boxed{}$ × 24 = 1.4592

❷ 계산 결과가 $\frac{1}{10000}$배가 되었으므로 □ 안에 알맞은 수는 3.8의 $\frac{1}{10}$배인 0.38입니다.

06-4 0.56

❶ $0.318 \xrightarrow{\ 10\text{배}\ } 3.18$ 이므로 5.6을 $\frac{1}{10}$ 배한 수를 곱해야 계산 결과가 같아집니다.

❷ $5.6 \xrightarrow{\ \frac{1}{10}\text{배}\ } 0.56$

대표 유형 07 1.265 L

❶ 민성이가 마신 우유의 양은 혜지의 1.3배이므로

(민성이가 마신 우유의 양)$=0.55 \times \boxed{1.3} = \boxed{0.715}$ (L)

❷ (혜지와 민성이가 마신 우유의 양의 합)

$=$(혜지가 마신 우유의 양)$+$(민성이가 마신 우유의 양)

$=0.55 + \boxed{0.715} = \boxed{1.265}$ (L)

예제 1.152 kg

❶ 민주가 가지고 있는 밀가루의 양은 성희의 0.8배이므로

(민주가 가지고 있는 밀가루의 양)$=0.64 \times 0.8 = 0.512$ (kg)

❷ (성희와 민주가 가지고 있는 밀가루 양의 합)

$=$(성희가 가지고 있는 밀가루의 양)$+$(민주가 가지고 있는 밀가루의 양)

$=0.64 + 0.512 = 1.152$ (kg)

07-1 3.825 L

❶ (오늘 사용한 들기름의 양)$=1.53 \times 1.5 = 2.295$ (L)

❷ (어제와 오늘 사용한 들기름 양의 합)$=1.53 + 2.295 = 3.825$ (L)

07-2 12.15 m

❶ (사용한 초록색 끈의 길이)$=1.8 \times 2.3 = 4.14$ (m)

❷ (사용한 보라색 끈의 길이)$=4.14 \times 1.5 = 6.21$ (m)

❸ (사용한 끈의 길이의 합)$=1.8 + 4.14 + 6.21 = 12.15$ (m)

07-3 118.188 m²

❶ 가로가 13.4 m, 세로가 10.5 m인 직사각형 모양의 밭의 넓이는

$13.4 \times 10.5 = 140.7$ (m²)입니다.

❷ 처음 밭의 가로를 0.8배, 세로를 2.3배 하여 새로 만든 밭의 가로는

$13.4 \times 0.8 = 10.72$ (m), 세로는 $10.5 \times 2.3 = 24.15$ (m)이므로

넓이는 $10.72 \times 24.15 = 258.888$ (m²)입니다.

❸ (처음 밭과 새로 만든 밭의 넓이의 차)$=258.888 - 140.7 = 118.188$ (m²)입니다.

대표 유형 08 135 km

❶ 1시간 48분은 몇 시간인지 소수로 나타냅니다.

➔ 1시간 48분$=1\frac{48}{60}$시간$=\boxed{1.8}$시간

❷ 이 자동차가 같은 빠르기로 1시간 48분 동안 간 거리는

$75 \times \boxed{1.8} = \boxed{135}$ (km)

예제 192.96 km

❶ 2시간 24분은 몇 시간인지 소수로 나타냅니다.

⇨ 2시간 24분$=2\frac{24}{60}$시간$=2\frac{4}{10}$시간$=2.4$시간

❷ (2시간 24분 동안 간 거리)$=80.4 \times 2.4 = 192.96$ (km)

08-1 43.875 km

❶ 9분 45초는 몇 분인지 소수로 나타냅니다.

⇨ 9분 45초$=9\dfrac{45}{60}$분$=9.75$분

❷ (9분 45초 동안 달린 거리)$=4.5\times9.75=43.875$ (km)

08-2 10.75 km

❶ 8분 36초는 몇 분인지 소수로 나타냅니다.

⇨ 8분 36초$=8\dfrac{36}{60}$분$=8.6$분

❷ (가 자동차가 8분 36초 동안 달린 거리)$=3.1\times8.6=26.66$ (km)

(나 자동차가 8분 36초 동안 달린 거리)$=1.85\times8.6=15.91$ (km)

❸ (같은 방향으로 8분 36초 동안 달렸을 때 두 자동차 사이의 거리)

$=26.66-15.91=10.75$ (km)

08-3 18.86 km

❶ 2시간 18분은 몇 시간인지 소수로 나타냅니다.

⇨ 2시간 18분$=2\dfrac{18}{60}$시간$=2.3$시간

❷ (은별이가 2시간 18분 동안 걸은 거리)$=4.3\times2.3=9.89$ (km)

영준이는 20분 동안 1.3 km를 걸으므로

한 시간 동안에는 $1.3\times3=3.9$ (km)를 걷습니다.

⇨ (영준이가 2시간 18분 동안 걸은 거리)$=3.9\times2.3=8.97$ (km)

❸ (반대 방향으로 2시간 18분 동안 걸었을 때 두 사람 사이의 거리)

$=9.89+8.97=18.86$ (km)

대표 유형 09 14.04 L

❶ 1시간 18분은 몇 시간인지 소수로 나타냅니다.

→ 1시간 18분$=1\dfrac{18}{60}$시간$=\boxed{1.3}$시간

❷ (1시간 18분 동안 달린 거리)$=72\times\boxed{1.3}=\boxed{93.6}$ (km)

❸ (1시간 18분 동안 달리는 데 필요한 휘발유의 양)

$=\boxed{93.6}\times0.15=\boxed{14.04}$ (L)

예제 16.32 L

❶ 1시간 36분$=1\dfrac{36}{60}$시간$=1\dfrac{6}{10}$시간$=1.6$시간

❷ (1시간 36분 동안 달린 거리)$=85\times1.6=136$ (km)

❸ (1시간 36분 동안 달리는 데 필요한 휘발유의 양)$=136\times0.12=16.32$ (L)

09-1 28.223 L

❶ 2시간 36분$=2\dfrac{36}{60}$시간$=2.6$시간

❷ (재용이네 집에서 할아버지 댁까지의 거리)$=83.5\times2.6=217.1$ (km)

❸ (재용이네 집에서 할아버지 댁까지 가는 데 필요한 휘발유의 양)

$=217.1\times0.13=28.223$ (L)

09-2 2.16 L

❶ 1시간 48분＝$1\frac{48}{60}$시간＝1.8시간

❷ (1시간 48분 동안 간 거리)＝52×1.8＝93.6 (km)

❸ (1시간 48분 동안 가는 데 사용한 기름의 양)＝93.6×1.9＝177.84 (L)

❹ (사용하고 남은 기름의 양)＝180－177.84＝2.16 (L)

09-3 66.96 L

❶ (1분 동안 받을 수 있는 물의 양)＝13.6－1.2＝12.4 (L)

❷ 5분 24초＝$5\frac{24}{60}$분＝5.4분

❸ (5분 24초 동안 물탱크에 받을 수 있는 물의 양)＝12.4×5.4＝66.96 (L)

대표 유형 10 7

❶ 0.3을 15번 곱하면 곱은 소수 $\boxed{15}$ 자리 수가 되므로 소수 15째 자리 숫자는 소수점 아래 끝자리 숫자입니다.

❷ 0.3을 계속 곱하면 곱의 소수점 아래 끝자리 숫자는 3, $\boxed{9}$, $\boxed{7}$, $\boxed{1}$ 이 반복됩니다.

❸ 15÷4＝$\boxed{3}$ … $\boxed{3}$ 이므로 0.3을 15번 곱했을 때 곱의 소수 15째 자리 숫자는 0.3을 $\boxed{3}$ 번 곱했을 때의 소수점 아래 끝자리 숫자와 같은 $\boxed{7}$ 입니다.

예제 9

❶ 0.3을 50번 곱하면 곱은 소수 50자리 수가 되므로 소수 50째 자리 숫자는 소수점 아래 끝자리 숫자입니다.

❷ 0.3을 계속 곱하면 곱의 소수점 아래 끝자리 숫자는 3, 9, 7, 1이 반복됩니다.

❸ 50÷4＝12 … 2이므로 0.3을 50번 곱했을 때 곱의 소수 50째 자리 숫자는 0.3을 두 번 곱했을 때의 소수점 아래 끝자리 숫자와 같은 9입니다.

10-1 1

$$0.7=0.7$$
$$0.7\times0.7=0.49$$
$$0.7\times0.7\times0.7=0.343$$
$$0.7\times0.7\times0.7\times0.7=0.2401$$
$$0.7\times0.7\times0.7\times0.7\times0.7=0.16807$$
$$\vdots$$

❶ 0.7을 36번 곱하면 곱은 소수 36자리 수가 되므로 소수 36째 자리 숫자는 소수점 아래 끝자리 숫자입니다.

❷ 0.7을 계속 곱하면 곱의 소수점 아래 끝자리 숫자는 7, 9, 3, 1이 반복됩니다.

❸ 36÷4＝9이므로 0.7을 36번 곱했을 때 곱의 소수 36째 자리 숫자는 0.7을 4번 곱했을 때의 소수점 아래 끝자리 숫자와 같은 1입니다.

10-2 3

$$0.7 = 0.\underline{7}$$
$$0.7 \times 0.7 = 0.4\underline{9}$$
$$0.7 \times 0.7 \times 0.7 = 0.34\underline{3}$$
$$0.7 \times 0.7 \times 0.7 \times 0.7 = 0.240\underline{1}$$
$$0.7 \times 0.7 \times 0.7 \times 0.7 \times 0.7 = 0.1680\underline{7}$$
$$\vdots$$

❶ 0.7을 99번 곱하면 곱은 소수 99자리 수가 되므로 소수 99째 자리 숫자는 소수점 아래 끝자리 숫자입니다.

❷ 0.7을 계속 곱하면 곱의 소수점 아래 끝자리 숫자는 7, 9, 3, 1이 반복됩니다.

❸ 99÷4=24…3이므로 0.7을 99번 곱했을 때 곱의 소수 99째 자리 숫자는 0.7을 3번 곱했을 때의 소수점 아래 끝자리 숫자와 같은 3입니다.

10-3 4

$$0.8 = 0.\underline{8}$$
$$0.8 \times 0.8 = 0.6\underline{4}$$
$$0.8 \times 0.8 \times 0.8 = 0.51\underline{2}$$
$$0.8 \times 0.8 \times 0.8 \times 0.8 = 0.409\underline{6}$$
$$0.8 \times 0.8 \times 0.8 \times 0.8 \times 0.8 = 0.3276\underline{8}$$
$$\vdots$$

❶ 0.8을 90번 곱하면 곱은 소수 90자리 수가 되므로 소수 90째 자리 숫자는 소수점 아래 끝자리 숫자입니다.

❷ 0.8을 계속 곱하면 곱의 소수점 아래 끝자리 숫자는 8, 4, 2, 6이 반복됩니다.

❸ 90÷4=22…2이므로 0.8을 90번 곱했을 때 곱의 소수 90째 자리 숫자는 0.8을 2번 곱했을 때의 소수점 아래 끝자리 숫자와 같은 4입니다.

118~121쪽

01 1000배

❶
$$5.7 \quad \times \quad 12.4 \quad = \quad \bullet$$
$$\uparrow 10배 \qquad \uparrow 100배 \qquad \uparrow 1000배$$
$$0.57 \quad \times \quad 0.124 \quad = \quad \blacktriangle$$

❷ 5.7×12.4는 0.57×0.124의 1000배입니다.

02 37.17

❶ 가 대신 6.3을, 나 대신 4.9를 넣어 식을 쓰고 계산합니다.

❷ 6.3 ♥ 4.9 = 6.3×4.9+6.3
          = 30.87+6.3
          = 37.17

03 20.88

❶ 8>6>5>3이므로 일의 자리에 3과 5를 놓아야 합니다.

❷ 3.6×5.8=20.88, 5.6×3.8=21.28

❸ 20.88<21.28이므로 곱이 가장 작은 때는 20.88입니다.

정답 및 풀이 • **39**

04 139.23

❶ 어떤 수를 □라 하고 잘못 계산한 식을 쓰면

　　□−6.3=15.8입니다.

❷ □=15.8+6.3=22.1

❸ 바르게 계산하면 22.1×6.3=139.23

05 12.305 m

❶ (사용한 보라색 끈의 길이)=2.3×1.5=3.45 (m)

❷ (사용한 하늘색 끈의 길이)=3.45×1.9=6.555 (m)

❸ (사용한 끈의 길이의 합)=2.3+3.45+6.555=12.305 (m)

06 6개

❶ 5.48×6=32.88, 4.79×8=38.32이므로 32.88<□<38.32입니다.

❷ □ 안에 들어갈 수 있는 자연수는 33, 34, 35, 36, 37, 38이므로 모두 6개입니다.

07 29.646 L

❶ 2시간 42분=$2\frac{42}{60}$시간=2.7시간

❷ (라솔이네 집에서 할머니 댁까지의 거리)=91.5×2.7=247.05 (km)

❸ (라솔이네 집에서 할머니 댁까지 가는 데 필요한 휘발유의 양)=247.05×0.12

　　　　　　　　　　　　　　　　　　　　　　　　　　　=29.646 (L)

08 2.208 km

❶ 9분 12초는 몇 분인지 소수로 나타냅니다.

　　9분 12초=$9\frac{12}{60}$분=9.2분

❷ (가 자동차가 9분 12초 동안 달린 거리)=2.83×9.2=26.036 (km)

　　(나 자동차가 9분 12초 동안 달린 거리)=3.07×9.2=28.244 (km)

❸ (같은 방향으로 9분 12초 동안 달렸을 때 두 자동차 사이의 거리)=28.244−26.036

　　　　　　　　　　　　　　　　　　　　　　　　　　　　　　　　=2.208 (km)

09 768대

❶ (올해 목표 판매량)=1600×1.2=1920(대)

❷ (오늘까지 판매량)=1920×0.6=1152(대)

❸ (올해 목표 판매량을 달성하기 위해 더 판매해야 할 자전거의 수)=1920−1152

　　　　　　　　　　　　　　　　　　　　　　　　　　　　　　　=768(대)

10 1

$$0.9=0.9$$
$$0.9×0.9=0.81$$
$$0.9×0.9×0.9=0.729$$
$$0.9×0.9×0.9×0.9=0.6561$$
$$\vdots$$

❶ 0.9를 100번 곱하면 곱은 소수 100자리 수가 되므로 소수 100째 자리 숫자는 소수점 아래 끝자리 숫자입니다.

❷ 0.9를 계속 곱하면 곱의 소수점 아래 끝자리 숫자는 9, 1이 반복됩니다.

❸ 100÷2=50이므로 0.9를 100번 곱했을 때 곱의 소수 100째 자리 숫자는 0.9를 2번 곱했을 때의 소수점 아래 끝자리 숫자와 같은 1입니다.

11 3 cm

❶ 길이가 13.4 cm인 색 테이프 12장의 길이의 합은 13.4×12=160.8 (cm)입니다.

❷ 겹치는 부분은 11군데이고 □ cm씩 겹치게 이어 붙였다면 겹치는 부분의 길이의 합은 (□×11) cm입니다.

❸ 이어 붙인 색 테이프의 전체 길이는 127.8 cm이므로 160.8−(□×11)=127.8입니다.

　　160.8−(□×11)=127.8, □×11=33, □=33÷11, □=3

5 직육면체

 활용 개념

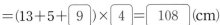 124~129쪽

직육면체, 정육면체

01 ④　　　　　　**02** 48
03 28 cm　　　　**04** (○)(×)

01 ① 정육면체의 꼭짓점은 8개입니다.
② 직육면체는 모서리의 길이는 서로 다릅니다.
③ 정육면체의 면의 모양은 정사각형입니다.
⑤ 직육면체의 모서리는 12개입니다.

02 • 정육면체의 꼭짓점은 8개이므로 ㉠=8입니다.
• 정육면체는 정사각형 6개로 둘러싸인 도형이므로
㉡=6입니다.
⇨ ㉠×㉡=8×6=48

03 정육면체의 모든 면은 정사각형입니다.
⇨ (색칠한 면의 둘레)=7×4=28 (cm)

04 직육면체는 정사각형 6개로 둘러싸여 있지 않으므로
정육면체가 아닙니다.

직육면체의 성질, 직육면체의 겨냥도

01 (1) ㅁㅂㅅㅇ　(2) ㄹㄷㅅㅇ
02 11　　　　　　**03** 13 cm

01 (1) 마주 보는 면은 평행한 면입니다.

02 13×4+10×4+□×4=136,
　　52+40+□×4=136,
　　　　92+□×4=136,
　　　　　　□×4=44,
　　　　　　　□=11

03 보이지 않는 모서리는 길이가 6 cm, 4 cm, 3 cm인 모서리가 1개씩이므로 길이의 합은 6+4+3=13 (cm)입니다.

직육면체의 전개도

01 2개　　　　　　**02** 선분 ㅍㅎ
03 점 ㅋ, 점 ㄱ　**04** ㉢, ㉣

01 정육면체의 전개도를 접었을 때 점 ㄱ과 만나는 점은 점 ㄷ, 점 ㅍ으로 모두 2개입니다.

02 직육면체의 전개도를 접었을 때 선분 ㅁㄹ과 겹치는 선분은 선분 ㅍㅎ입니다.

03 전개도를 접었을 때 점 ㅈ은 점 ㅋ, 점 ㄱ과 만납니다.

04 ㉢ 접었을 때 겹치는 모서리의 길이가 다릅니다.
㉣ 직육면체의 면은 6개이어야 하는데 면이 7개입니다.

 유형 변형

130~145쪽

대표 유형 01　108 cm

❶ 전개도를 접어서 만든 직육면체의 모서리의 길이를 □ 안에 알맞게 써넣습니다.

❷ 13 cm, 5 cm, 9 cm인 모서리가 각각 4개씩 있으므로

(직육면체의 모든 모서리의 길이의 합)
=(13+5+9)×4=108 (cm)

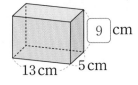

예제　64 cm

❶ 전개도를 접어서 만든 직육면체는 길이가 4 cm, 5 cm, 7 cm인 모서리가 각각 4개씩 있습니다.

❷ (만든 직육면체의 모든 모서리의 길이의 합)=(4+5+7)×4=64 (cm)

정답 및 풀이 • **41**

01-1 156 cm

❶ 정육면체의 한 모서리의 길이를 □ cm라고 하면
　　□×14=182, □=182÷14, □=13

❷ 정육면체의 모서리는 모두 12개이므로
　　(만든 정육면체의 모든 모서리의 길이의 합)=13×12=156 (cm)

01-2 110 cm

❶ 직육면체의 모서리는 12개이고 길이가 같은 모서리는 4개씩입니다.

❷ 모르는 한 모서리의 길이를 □ cm라 하면
　　(6+9+□)×4=112, 6+9+□=28, 15+□=28, □=28−15, □=13

❸ 직육면체의 나머지 한 모서리의 길이가 13 cm이므로
　　(전개도의 둘레)=6×8+9×4+13×2=110 (cm)

01-3 192 cm

❶ 정육면체의 한 모서리의 길이를 □ cm라고 하면
　　□×3=48, □=48÷3, □=16

❷ 정육면체의 모서리는 모두 12개이므로
　　(정육면체의 모든 모서리의 길이의 합)=16×12=192 (cm)

대표 유형 02 4가지

❶
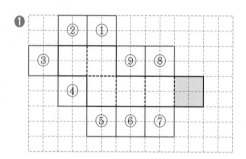

색칠한 면을 옮길 수 있는 위치는 ③, ⑤, ⑥, ⑦입니다.

❷ 정육면체의 전개도를 다시 그릴 수 있는 방법은 모두 4 가지입니다.

예제 풀이 참조

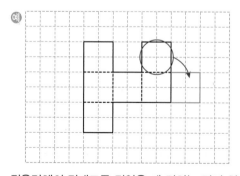

정육면체의 전개도를 접었을 때 겹치는 면이 없도록 면 1개를 옮깁니다.

02-1 ㉢

전개도에서 겹치는 면이 없도록 전개도의 한 면이 될 수 있는 곳을 찾으면 ㉢입니다.

02-2 ㉭, ㉯, ㉵, ㉹

겹치는 면이 생기지 않도록 전개도의 면이 될 수 있는 것을 찾습니다.

대표 유형 03   18 cm

❶ 전개도를 접었을 때 면 ㅎㄷㅂㅍ과 평행한 면은 면 ㅈㅇㅅㅊ 입니다.

❷ 면 ㅎㄷㅂㅍ과 평행한 면인 면 ㅈㅇㅅㅊ 의 네 변의 길이의 합은

$\boxed{6}+\boxed{3}+\boxed{6}+\boxed{3}=\boxed{18}$ (cm)입니다.

예제   32 cm

❶ 전개도를 접었을 때 면 ㅁㅂㄷㄹ과 평행한 면은 면 ㅌㅈㅇㅍ입니다.

❷ 면 ㅁㅂㄷㄹ과 평행한 면인 면 ㅌㅈㅇㅍ의 네 변의 길이의 합은

$12+4+12+4=32$ (cm)입니다.

03-1   60 cm

❶ 전개도를 접었을 때 면 ㄱㄴㄷㅎ과 평행한 면은 면 ㅌㅅㅂㅍ입니다.

❷ 면 ㅌㅅㅂㅍ의 네 변의 길이의 합은 $24+6+24+6=60$ (cm)입니다.

03-2   52 cm

❶ 전개도를 접었을 때 면 ㄱㄴㅍㅎ과 평행한 면은 면 ㅇㅅㅂㅈ입니다.

❷ 면 ㅇㅅㅂㅈ의 네 변의 길이의 합은 $9+17+9+17=52$ (cm)입니다.

03-3   56 cm

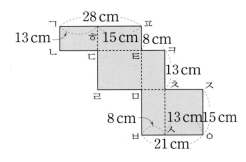

❶ 전개도를 접었을 때 면 ㄷㄹㅁㅌ과 평행한 면은 면 ㅇㅅㅊㅈ입니다.

❷ (선분 ㅂㅅ)=(선분 ㅌㅋ)=8 cm, (선분 ㅅㅇ)=$21-8=13$ (cm)

(선분 ㅊㅈ)=(선분 ㅋㅊ)=(선분 ㄷㄹ)=(선분 ㄴㄷ)=(선분 ㄱㅎ)=13 cm,

(선분 ㅎㅍ)=$28-13=15$ (cm)

(선분 ㅈㅇ)=(선분 ㅁㅂ)=(선분 ㄹㅁ)=(선분 ㅎㅍ)=15 cm

❸ 면 ㄷㄹㅁㅌ과 평행한 면인 면 ㅇㅅㅊㅈ의 네 변의 길이의 합은

$13+15+13+15=56$ (cm)입니다.

대표 유형 04   92 cm

❶ 끈이 지나간 자리는 길이가 15 cm, 13 cm, 9 cm인 부분을 각각 몇 번씩 지나갔는지 알아

봅니다.

15 cm인 부분: $\boxed{2}$ 번, 13 cm인 부분: $\boxed{2}$ 번, 9 cm인 부분: $\boxed{4}$ 번

❷ 상자를 묶는 데 사용한 끈의 길이는 최소한

$15\times\boxed{2}+13\times\boxed{2}+9\times\boxed{4}=\boxed{92}$ (cm)입니다.

예제   176 cm

❶ 끈은 길이가 36 cm인 부분 2번, 22 cm인 부분 2번, 15 cm인 부분 4번을 지나갔습니다.

❷ 상자를 묶는 데 사용한 끈의 길이는 최소한

$36\times2+22\times2+15\times4=72+44+60=176$ (cm)입니다.

04-1 132 cm

❶ 정육면체 모양의 상자이므로 끈은 길이가 14 cm인 부분 8번을 지나갔습니다.
❷ 매듭의 길이가 20 cm이므로 상자를 묶는 데 사용한 끈의 길이는 최소한
   20＋14×8＝20＋112＝132 (cm)입니다.

04-2 244 cm

❶ 끈은 길이가 30 cm인 부분 2번, 36 cm인 부분 2번, 18 cm인 부분 4번을 지나갔습니다.
❷ 매듭으로 사용한 끈의 길이가 40 cm이므로 상자를 묶는 데 사용한 끈의 길이는 최소한
   30×2＋36×2＋18×4＋40＝60＋72＋72＋40＝244 (cm)입니다.

04-3 248 cm

❶ 끈은 길이가 23 cm인 부분 2번, 19 cm인 부분 4번, 21 cm인 부분 6번을 지나갔습니다.
❷ 상자를 묶는 데 사용한 끈의 길이는 최소한
   23×2＋19×4＋21×6＝46＋76＋126＝248 (cm)입니다.

대표 유형 05 다

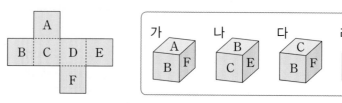

❶ 전개도를 접었을 때 다음 면과 평행한 면에 쓰여진 알파벳을 알아봅니다.

A → F   B → D   C → E

❷ 가: A 와 F 는 서로 수직인 면입니다.

   나: C 와 E 는 서로 수직인 면입니다.

   라: B 와 D 는 서로 수직인 면입니다. 따라서 알맞은 정육면체는 다 입니다.

예제 라

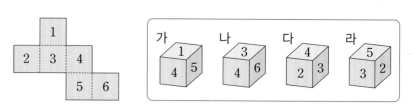

❶ 서로 평행한 면은 1 과 5 , 2 와 4 , 3 과 6 입니다.

❷ 가: 1 과 5 가 서로 수직인 면입니다.

   나: 3 과 6 이 서로 수직인 면입니다.

   다: 2 와 4 가 서로 수직인 면입니다.

   따라서 알맞은 정육면체는 라입니다.

참고
수직인 면에 알맞게 숫자가 쓰인 정육면체를 찾습니다.

05-1 보라색

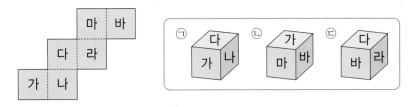

❶ 두 번째와 세 번째 그림에서 초록색 면과 만나는 면의 색은 빨간색, 노란색, 파란색, 주황색입니다.

❷ 초록색 면과 평행한 면의 색은 만나지 않는 면의 색인 보라색입니다.

05-2 ㉢

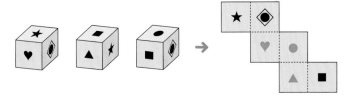

❶ 서로 평행한 면은 가와 라, 나와 마, 다와 바 입니다.

❷ ㉢: 다와 바가 서로 수직인 면입니다.

따라서 ㉢이 정육면체의 전개도를 접어서 만든 정육면체가 아닙니다.

05-3

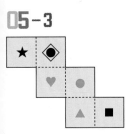

❶ ★과 수직인 면은 ♥, ◈, ▲, ■ 이므로 평행한 면은 ● 입니다.

❷ ■와 수직인 면은 ●, ◈, ★, ▲ 이므로 평행한 면은 ♥ 입니다.

❸ 따라서 ▲와 평행한 면은 ◈ 입니다.

대표 유형 06

㉠ 4, ㉡ 1, ㉢ 5

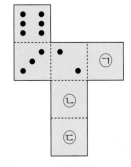

❶ (㉠과 서로 평행한 면의 눈의 수)= 3 , ㉠=7- 3 = 4

❷ (㉡과 서로 평행한 면의 눈의 수)= 6 , ㉡=7- 6 = 1

❸ (㉢과 서로 평행한 면의 눈의 수)= 2 , ㉢=7- 2 = 5

예제

㉠ 6, ㉡ 5, ㉢ 4

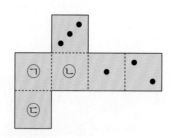

❶ ㉠과 평행한 면의 눈의 수가 1이므로 ㉠=7−1=6
❷ ㉡과 평행한 면의 눈의 수가 2이므로 ㉡=7−2=5
❸ ㉢과 평행한 면의 눈의 수가 3이므로 ㉢=7−3=4

06-1 ㉢

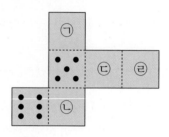

❶ ㉣과 평행한 면의 눈의 수가 5이므로 ㉣=7−5=2
❷ ㉢과 평행한 면의 눈의 수가 6이므로 ㉢=7−6=1
❸ 주사위 눈의 수가 가장 작은 것은 1이므로 ㉢입니다.

06-2 11

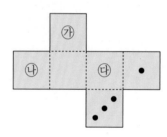

❶ ㉮=7−3=4
❷ ㉯와 ㉰는 서로 평행한 면이므로 눈의 수의 합이 7입니다.
❸ ㉮, ㉯, ㉰의 눈의 수의 합은 4+7=11입니다.

06-3 6

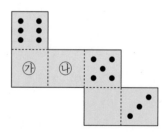

❶ ㉮와 평행한 면의 눈의 수가 5이므로 ㉮=7−5=2
　㉮와 수직인 면의 눈의 수: 1, 3, 4, 6
❷ ㉯와 평행한 면의 눈의 수가 3이므로 ㉯=7−3=4
　㉯와 수직인 면의 눈의 수: 1, 2, 5, 6
❸ 면 ㉮와 면 ㉯에 공통으로 수직인 면의 눈의 수는 1, 6이므로 1×6=6입니다.

대표 유형 07 1

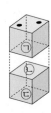

❶ 주사위에서 마주 보는 두 면의 눈의 수의 합이 7이므로

$2+㉠=\boxed{7}$, $㉠=\boxed{7}-2=\boxed{5}$

❷ 서로 맞닿는 면의 눈의 수의 합이 11이므로

$㉠+㉡=11$에서 $㉠=\boxed{5}$이므로 $㉡=11-\boxed{5}=\boxed{6}$

❸ 주사위에서 마주 보는 두 면의 눈의 수의 합이 7이므로

$㉢=7-㉡$, $㉢=7-\boxed{6}=\boxed{1}$

예제 1

❶ 주사위에서 마주 보는 두 면의 눈의 수의 합이 7이므로

$1+㉠=7$, $㉠=7-1=6$

❷ 서로 맞닿는 면의 눈의 수의 합이 12이므로

$㉠+㉡=12$에서 $㉠=6$이므로 $㉡=12-6=6$

❸ 주사위에서 마주 보는 두 면의 눈의 수의 합이 7이므로

$㉢=7-㉡$, $㉢=7-6=1$

07-1 4

❶ $5+㉠=7 \Rightarrow ㉠=7-5=2$

❷ $2+㉡=6 \Rightarrow ㉡=6-2=4$

❸ $4+㉢=7 \Rightarrow ㉢=7-4=3$

❹ $3+㉣=6 \Rightarrow ㉣=6-3=3$

❺ $3+㉤=7 \Rightarrow ㉤=7-3=4$

07-2 1

❶ 눈의 수가 2인 면과 평행한 면의 눈의 수는 5이므로 5와 맞닿는 면의 눈의 수는

$9-5=4$입니다.

❷ 눈의 수가 4인 면과 평행한 면의 눈의 수는 3이므로 3과 맞닿는 면의 눈의 수는

$9-3=6$입니다.

❸ 눈의 수가 6인 면과 평행한 면의 눈의 수는 1이므로 바닥과 맞닿는 면의 눈의 수는 1입니다.

07-3 30

❶ (주사위 한 개의 눈의 수의 합)$=1+2+3+4+5+6=21$

❷ 겉면의 눈의 합이 가장 작을 때에는 왼쪽 그림과 같이 주사위 2개가 맞닿는

면의 눈의 수가 모두 6이어야 합니다.

$\Rightarrow 21\times2-(6+6)=30$

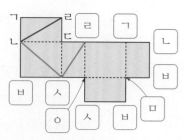

❶ 위 전개도에 각 꼭짓점을 표시해 봅니다.

❷ 위 전개도에 선이 지나간 자리를 그려 넣습니다.

예제 풀이 참조

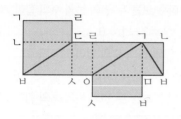

전개도에 각 꼭짓점의 기호를 표시한 후
선분 ㄱㅂ, 선분 ㄷㅂ, 선분 ㄱㅇ을 그립니다.

08-1 풀이 참조

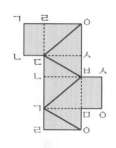

전개도에 각 꼭짓점의 기호를 표시한 후
선분 ㄱㅂ, 선분 ㄷㅂ, 선분 ㄷㅇ, 선분 ㄱㅇ을 그립니다.

08-2 풀이 참조

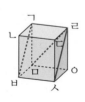

전개도를 접을 때 어느 선분끼리 겹치게 되는지 먼저 생각합니다.
그 다음 선이 지나간 방향에 주의하여 그립니다.

08-3 풀이 참조

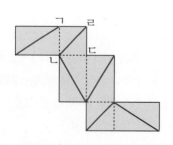

전개도를 접었을 때 한 꼭짓점에서 만나는 세 면을 생각하여
선이 지나간 자리를 그립니다.

01 156 cm

❶ 직육면체에서 길이가 같은 모서리는 각각 4개씩 있으므로 서로 다른 모서리의 길이를 각각
● cm, ▲ cm, ■ cm라 하면 보이는 모서리의 길이의 합이 117 cm이므로
$(▲+●+■)×3=117$입니다.

❷ $(▲+●+■)×3=117$, $▲+●+■=117÷3=39$
➪ (직육면체의 모든 모서리의 길이의 합)=$(▲+●+■)×4$
$=39×4=156 \text{ (cm)}$

02 54 cm

❶ 전개도를 접었을 때 면 ㄱㄴㄷㅎ과 평행한 면은 면 ㅌㅅㅂㅍ입니다.

❷ 면 ㄱㄴㄷㅎ과 평행한 면인 면 ㅌㅅㅂㅍ의 네 변의 길이의 합은
$7+20+7+20=54 \text{ (cm)}$입니다.

03 4개

❶ 겹치는 면이 생기지 않도록 전개도의 면이 될 수 있는 것을 찾습니다.

❷ ⓛ, ⓒ, ⓜ, ⓗ으로 모두 4개입니다.

04 63 cm

❶ 끈은 길이가 34 cm인 부분 2번, 28 cm인 부분 2번, 22 cm인 부분 4번을 지나갔습니다.

❷ 매듭으로 사용한 끈의 길이가 25 cm이므로 상자를 묶는 데 사용한 끈은
$34×2+28×2+22×4+25=68+56+88+25=237 \text{ (cm)}$입니다.

❸ 따라서 상자를 묶고 남은 끈의 길이는 $300-237=63 \text{ (cm)}$입니다.

05 ㉠

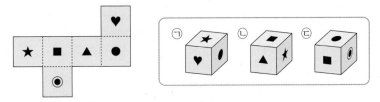

❶ 서로 평행한 면은 ★과 ▲, ■와 ●, ♥와 ◉입니다.

❷ ㉡: ★과 ▲가 서로 수직인 면입니다.

㉢: ■과 ●가 서로 수직인 면입니다.

따라서 알맞은 정육면체는 ㉠입니다.

06 ㉠ 4, ㉡ 1

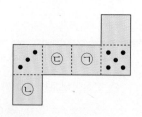

❶ ㉠과 평행한 면의 눈의 수가 3이므로 ㉠=7−3=4

❷ ㉢과 평행한 면의 눈의 수가 5이므로 ㉢=7−5=2

❸ ㉡에 들어갈 눈의 수는 1 또는 6이고 이때 ㉠과 ㉡의 차가 가장 커야 하므로 ㉡=1입니다.

07 풀이 참조

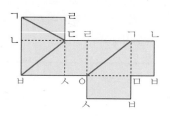

❶ 전개도에 각 꼭짓점의 기호를 표시합니다.

❷ 선분 ㄱㄷ, 선분 ㄷㅂ, 선분 ㄱㅇ을 그립니다.

08 120 cm

❶ 점선을 그어 면이 6개가 되도록 전개도를 완성한 후 서로 겹치는 모서리의 길이가 같도록 길이를 정합니다.

❷ 직육면체의 세 모서리의 길이는 6 cm, 9 cm, 15 cm이므로

(만든 직육면체의 모든 모서리의 길이의 합)=(6+9+15)×4

$$=30×4$$
$$=120 \text{ (cm)}$$

09 2, 5

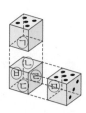

❶ ㉠은 5와 평행한 면이므로 ㉠=7−5=2

㉡은 ㉠과 맞닿는 면이므로 ㉡=8−2=6

㉢은 ㉡과 마주 보는 면이므로 ㉢=7−6=1

❷ ㉤은 3과 평행한 면이므로 ㉤=7−3=4

㉣은 ㉤과 맞닿는 면이므로 ㉣=8−4=4

㉥은 ㉣과 평행한 면이므로 ㉥=7−4=3

❸ 따라서 빗금 친 면에 들어갈 수 있는 눈의 수는 2, 5입니다.

6 평균과 가능성

활용개념

평균 구하기

01 19번
02 41분
03 은별, 이든
04 리하네 모둠
05 21초

01 (지호의 제기차기 기록의 평균)
$=(17+20+15+24)÷4=76÷4=19$(번)

02 (예서가 운동한 시간의 평균)
$=(48+52+30+34)÷4=164÷4=41$(분)

03 (가지고 있는 책 수의 평균)
$=(9+6+7+10+8)÷5=8$(권)

04 (리하네 모둠의 평균)$=(47+44+43+46)÷4$
$=45$(회)
(은후네 모둠의 평균)$=(48+40+43+45)÷4$
$=44$(회)
⇨ 45회>44회이므로 리하네 모둠의 줄넘기 기록의 평균
이 더 높습니다.

05 (남학생과 여학생 10명의 달리기 기록의 합)
$=5×18+5×24=210$(초)
(남학생과 여학생 10명의 달리기 기록의 평균)
$=210÷10=21$(초)

일이 일어날 가능성

01 (1) 0 (2) $\frac{1}{2}$
02 ㉢
03 (1) $\frac{1}{2}$ (2) 0
04 (1) ○ (2) × (3) ○

01 (1) 꺼낸 공이 노란색일 가능성은 '불가능하다'이므로
수로 나타내면 0입니다.
(2) 꺼낸 공이 파란색일 가능성은 '반반이다'이므로
수로 나타내면 $\frac{1}{2}$입니다.

02 ㉠ 1과 5를 더하면 6이므로 7일 가능성은 불가능합니다.
㉡ 동전을 한 번 던지면 숫자면이 나올 가능성은 반반입니다.
㉢ 화요일 다음 날은 수요일이므로 일이 일어날 가능성은
확실합니다.

03 (1) 꺼낸 구슬이 노란색일 가능성은 '반반이다'이므로
수로 나타내면 $\frac{1}{2}$입니다.
(2) 꺼낸 구슬이 초록색일 가능성은 '불가능하다'이므로
수로 나타내면 0입니다.

04 (1) 짝수는 2, 4이므로 (짝수가 나올 확률)$=\frac{2}{5}$입니다.
(2) 홀수는 1, 3, 5이므로 (홀수가 나올 확률)$=\frac{3}{5}$입니다.

유형변형

대표 유형 01 ㉢, ㉡, ㉠

❶ ㉠에서 수 카드의 수가 20이 나올 수는 없으므로 일이 일어날 가능성은
(확실합니다 , 불가능합니다).
❷ ㉡에서 수 카드의 수 중 홀수는 1, 3, 5, 7, 9이므로 일이 일어날 가능성은
(반반입니다 , 확실합니다).
❸ ㉢에서 수 카드의 수 중 1이상 10 이하는 1, 2, 3, 4, 5, 6, 7, 8, 9, 10이므로
일이 일어날 가능성은 (확실합니다 , 불가능합니다).
❹ 일이 일어날 가능성이 큰 순서대로 기호를 쓰면 ㉢ , ㉡ , ㉠ 입니다.

㉢, ㉡, ㉠

❶ ㉠ 주사위 눈의 수는 6까지이므로 눈의 수가 6보다 큰 수가 나올 가능성은 불가능합니다.

❷ ㉡ 주사위의 눈의 수 중 짝수는 2, 4, 6이므로 눈의 수가 짝수로 나올 가능성은 반반입니다.

❸ ㉢ 주사위 눈의 수가 6 이하로 나올 가능성은 확실합니다.

❹ 일이 일어날 가능성이 높은 순서대로 기호를 쓰면 ㉢, ㉡, ㉠입니다.

01-1 ㉠, ㉣, ㉢, ㉡

❶ ㉠ 수 카드의 수가 7일 가능성은 불가능합니다.(=0)

❷ ㉡ 짝수가 나올 가능성은 확실합니다.(=1)

❸ ㉢ 수 카드의 수가 5보다 작을 가능성은 반반입니다. $\left(=\dfrac{1}{2}\right)$

❹ ㉣ 수 카드의 수가 3의 배수가 나올 가능성은 낮습니다. $\left(=\dfrac{1}{4}\right)$

❺ 일이 일어날 가능성이 낮은 순서대로 기호를 쓰면 ㉠, ㉣, ㉢, ㉡입니다.

01-2 1

❶ ㉠$=\dfrac{5}{9}$, ㉡$=\dfrac{4}{9}$

❷ ㉠$+$㉡$=\dfrac{5}{9}+\dfrac{4}{9}=\dfrac{9}{9}=1$

대표 유형 02 다

❶ 가에서 화살이 빨간색에 멈출 가능성을 분수로 나타내면 $\dfrac{3}{4}$입니다.

❷ 나에서 화살이 빨간색에 멈출 가능성을 분수로 나타내면 $\dfrac{2}{4}$입니다.

❸ 다에서 화살이 빨간색에 멈출 가능성은 $\dfrac{4}{4}=\boxed{1}$입니다.

❹ 따라서 화살이 빨간색에 멈출 가능성이 가장 높은 것은 다입니다.

예제 나

❶ 화살이 파란색에 멈출 가능성을 수로 나타내면 가는 $\dfrac{1}{2}$, 나는 $\dfrac{1}{4}$, 다는 $\dfrac{1}{3}$입니다.

❷ 따라서 화살이 파란색에 멈출 가능성이 가장 낮은 것은 나입니다.

02-1 가, 다, 나, 라

❶ 회전판을 돌렸을 때 화살이 분홍색에 멈출 가능성을 수로 나타내면 가는 $\dfrac{3}{4}$, 나는 $\dfrac{1}{4}$, 다는 $\dfrac{2}{4}$, 라는 0입니다.

❷ 따라서 화살이 분홍색에 멈출 가능성이 높은 회전판부터 차례대로 기호를 쓰면 가, 다, 나, 라입니다.

02-2 풀이 참조

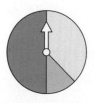

❶ 화살이 빨간색에 멈출 가능성이 가장 높기 때문에 회전판에서 가장 넓은 곳에 빨간색을 색칠합니다.

❷ 화살이 노란색에 멈출 가능성이 파란색에 멈출 가능성의 3배이므로 가장 좁은 부분에 파란색을 색칠하고, 파란색을 색칠한 부분보다 넓이가 3배 넓은 부분에 노란색을 색칠합니다.

대표 유형 03   737 kg

❶ 전체 감자 생산량의 합은
   $\boxed{770}$ × 5 = $\boxed{3850}$ (kg)입니다.

❷ 가, 나, 다, 마 마을의 감자 생산량의 합은
   574 + 820 + 785 + 934 = $\boxed{3113}$ (kg)이므로
   라 마을의 감자 생산량은
   $\boxed{3850}$ − $\boxed{3113}$ = $\boxed{737}$ (kg)입니다.

예제   610 kg

❶ (전체 양파 생산량의 합) = 530 × 5 = 2650 (kg)
❷ (다 마을의 양파 생산량) = 2650 − (500 + 550 + 470 + 520)
                       = 2650 − 2040
                       = 610 (kg)

03-1   92점

❶ (1단원부터 5단원까지 단원평가 점수의 합) = 84 × 5 = 420(점)
❷ (5단원의 단원평가 점수) = 420 − (76 + 88 + 80 + 84)
                          = 420 − 328
                          = 92(점)

03-2   52마리

❶ (전체 사슴 수의 합) = 68 × 4 = 272(마리)
❷ (가 농장과 라 농장의 사슴 수의 합) = 272 − (84 + 72) = 116(마리)
❸ 라 농장의 사슴 수를 □마리라고 하면 가 농장의 사슴 수는 (□ + 12)마리이므로
   □ + 12 + □ = 116, □ + □ = 104, □ = 52

대표 유형 04   26권

❶ (하준이와 재민이가 읽은 책 수의 평균) = (28 + $\boxed{36}$) ÷ $\boxed{2}$
                                  = 64 ÷ $\boxed{2}$ = $\boxed{32}$ (권)
❷ (채윤이가 읽은 책 수) = $\boxed{32}$ − 6 = $\boxed{26}$ (권)

예제   288개

❶ (1주와 3주에 팔린 아이스크림 개수의 평균) = (196 + 452) ÷ 2
                                 = 324(개)
❷ (2주에 팔린 아이스크림 개수) = 324 − 36
                                = 288(개)

04-1 364명

❶ (3월과 4월의 관광객 수의 평균)=(258+346)÷2
$$=302(명)$$
❷ (5월의 관광객 수)=302+186
$$=488(명)$$
❸ (3개월 동안 월별 관광객 수의 평균)=(258+346+488)÷3
$$=364(명)$$

04-2 19개

❶ (성우, 시환, 민영 3명이 모은 칭찬 붙임딱지 수의 평균)=(20+24+19)÷3=21(개)
❷ (이든이가 모은 칭찬 붙임딱지 수)=21−8=13(개)
❸ (4명이 모은 칭찬 붙임딱지 수의 평균)=(20+13+24+19)÷4=19(개)

04-3 3 kg

❶ (1반, 3반, 4반에서 모은 종이류 재활용 쓰레기의 무게의 평균)
$$=(27+36+33)÷3=32(kg)$$
❷ (2반이 모은 종이류 재활용 쓰레기의 무게)=32+4=36(kg)
❸ (4개 반에서 모은 무게의 평균)=(27+36+36+33)÷4=33(kg)
❹ (2반에서 모은 무게와 4개 반에서 모은 평균 무게의 차)=36−33=3(kg)

대표 유형 05 87번

❶ 민재의 윗몸 말아 올리기 기록의 평균은
$$(46+88+52+62)÷\boxed{4}=\boxed{62}(번)입니다.$$
❷ 민재와 희서의 윗몸 말아 올리기 기록의 평균이 같으므로 희서의 윗몸 말아 올리기 기록의
합은 $\boxed{62}×5=\boxed{310}$ (번)입니다.
❸ 희서의 4회에 윗몸 말아 올리기 기록은
$$\boxed{310}−(40+48+78+57)=\boxed{87}(번)입니다.$$

예제 48개

❶ (시우의 제기차기 기록의 평균)=(30+32+35+39)÷4=136÷4=34(개)
❷ (하율이의 제기차기 기록의 합)=34×5=170(개)
❸ (하율이의 5회 제기차기 기록)=170−(21+32+29+40)=48(개)

05-1 62분

❶ (효주네 모둠의 운동 시간의 평균)=(45+64+50)÷3=53(분)
❷ (시안이네 모둠의 운동 시간의 합)=53×4=212(분)
❸ (하음이의 운동 시간)=212−(50+45+55)=62(분)

05-2 4명

❶ (수창이네 모둠의 자전거를 탄 시간의 평균)
$$=(67+46+50+57+70)÷5$$
$$=290÷5=58(분)$$
❷ (은원이네 모둠의 자전거를 탄 시간의 합)
$$=58×4=232(분), \square=232−(55+50+65)=62(분)$$
❸ 자전거를 탄 시간이 1시간 이상인 경우는 62분, 65분, 67분, 70분으로 1시간 이상 탄 학생은
모두 4명입니다.

대표 유형 06 12살

❶ 새로운 회원이 들어오기 전의 영화 모임 회원 4명의 나이의 평균은

$(19+14+18+17) \div 4 =$ $\boxed{68}$ $\div$ $\boxed{4}$ $=$ $\boxed{17}$ (살)입니다.

❷ 새로운 회원이 들어왔을 때 영화 모임 회원의 나이의 평균은

$\boxed{17}$ $-1=$ $\boxed{16}$ (살)이고

새로운 회원이 들어왔을 때 5명의 나이의 합은 $\boxed{16}$ $\times 5 =$ $\boxed{80}$ (살)입니다.

❸ 새로운 회원의 나이는

$\boxed{80}$ $-(19+14+18+17)=$ $\boxed{12}$ (살)입니다.

예제 20살

❶ (새로운 회원이 들어오기 전 회원 4명의 나이의 평균)$=(18+14+15+13) \div 4 = 15$(살)
❷ (새로운 회원이 들어왔을 때 나이의 합)$=(15+1) \times 5 = 80$(살)
❸ 새로운 회원의 나이는 $80-(18+14+15+13)=20$(살)입니다.

06-1 52 kg

❶ (성현이가 들어오기 전 모둠 학생 4명의 몸무게의 평균)
　$=(41+47+38+42) \div 4 = 42$ (kg)
❷ (성현이가 들어왔을 때 몸무게의 합)$=(42+2) \times 5 = 220$ (kg)
❸ 성현이의 몸무게는 $220-(41+47+38+42)=52$ (kg)입니다.

06-2 96점

❶ (1월부터 4월까지 수학 시험 점수의 합)$=88+96+88+92=364$(점)
❷ 1월부터 5월까지 수학 시험 점수의 평균이 92점이 되려면 수학 시험 점수의 합은
　$92 \times 5 = 460$(점)이 되어야 합니다.
❸ 따라서 은성이가 교내 수학 경시대회에 참가하려면 5월에 최소한 $460-364=96$(점)을 받아야 합니다.

실전 적용 168~171쪽

01 ㉡, ㉢, ㉠, ㉣

❶ ㉠ 수 카드의 수가 7일 가능성은 낮습니다. $\left(=\dfrac{1}{4}\right)$
❷ ㉡ 수 카드의 수가 홀수가 나올 가능성은 확실합니다. $(=1)$
❸ ㉢ 수 카드의 수가 5보다 작을 가능성은 반반입니다. $\left(=\dfrac{1}{2}\right)$
❹ ㉣ 수 카드의 수가 4의 배수가 나올 가능성은 불가능합니다. $(=0)$
❺ 일이 일어날 가능성이 높은 순서대로 기호를 쓰면 ㉡, ㉢, ㉠, ㉣입니다.

02 풀이 참조

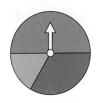

❶ 화살이 초록색에 멈출 가능성이 가장 높기 때문에 회전판에서 가장 넓은 곳에 초록색을 색칠합니다.
❷ 화살이 보라색에 멈출 가능성이 분홍색에 멈출 가능성의 2배이므로 가장 좁은 부분에 분홍색을 색칠하고 분홍색을 색칠한 부분보다 넓이가 2배 넓은 부분에 보라색을 색칠합니다.

03 36번

❶ (1회부터 5회까지 윗몸 말아 올리기 기록의 합)=24×5=120(번)

❷ (1회부터 4회까지 윗몸 말아 올리기 기록의 합)=22+16+18+28=84(번)

❸ (5회의 윗몸 말아 올리기 기록)=120−84=36(번)

04 3회

❶ (1회부터 5회까지 제자리 멀리뛰기 기록의 합)=164×5=820 (cm)

❷ (4회의 제자리 멀리뛰기 기록)=820−(157+163+174+169)=157 (cm)

❸ 하율이의 기록이 가장 좋았을 때는 3회입니다.

05 17권

❶ (민성, 윤건, 예은 3명이 읽은 책 수의 평균)=(14+15+19)÷3

=16(권)

❷ (희서가 읽은 책 수)=16+4=20(권)

❸ (4명이 읽은 책 수의 평균)=(14+15+20+19)÷4=17(권)

06 54분

❶ (예서네 모둠의 운동 시간의 평균)=(44+65+47)÷3=52(분)

❷ (시우네 모둠의 운동 시간의 합)=52×4=208(분)

❸ (승희의 운동 시간)=208−(48+51+55)=54(분)

07 32 kg

❶ (정수가 들어오기 전 모둠 학생 4명의 몸무게의 평균)=(40+47+38+43)÷4=42 (kg)

❷ (정수가 들어왔을 때 몸무게의 합)=(42−2)×5=200 (kg)

❸ (정수의 몸무게)=200−(40+47+38+43)=32 (kg)

08 3 kg

❶ (3반을 제외한 나머지 3개 반에서 모은 헌 옷 무게의 평균)

=(38+33+46)÷3=39 (kg)

❷ (3반에서 모은 헌 옷의 무게)=39−4=35 (kg)

❸ (4개 반에서 모은 헌 옷의 무게의 평균)=(38+33+35+46)÷4=38 (kg)

❹ (3반에서 모은 헌 옷의 무게와 4개 반에서 모은 헌 옷의 평균 무게의 차)

=38−35=3 (kg)

09 99점

❶ (5단원까지 수학 시험 점수의 합)=98+96+88+92+91=465(점)

❷ 6단원까지 수학 시험 점수의 평균이 94점이 되려면 수학 시험 점수의 합이 94×6=564(점)이 되어야 합니다.

❸ 따라서 시환이가 교내 수학 경시대회에 참가하려면 6단원 수학 시험에서 최소한 564−465=99(점)을 받아야 합니다.

1 수의 범위와 어림하기

유형 변형하기

2~4쪽

1 4개	2 93
3 191400원, 91500원	
4 302병 이상 360병 이하	
5 42장	6 21600원
7 48501, 48991	8 9개
9 61140000	

1 ❶ 세 수의 범위를 하나의 수직선에 나타냅니다.

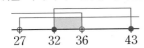

⇨ 세 수의 범위의 공통 범위: 32 이상 36 미만인 수
❷ 세 수의 범위에 공통으로 포함되는 자연수:
32, 33, 34, 35 ⇨ 4개

2 ❶ ㉡이 클수록 ㉠이 커지므로 ㉡에 들어갈 수 있는 자연
수 중 가장 큰 두 자리 수는 99입니다.
❷ ㉠ 이상인 수에는 ㉠이 포함되고, ㉡ 미만인 수에는
㉡이 포함되지 않습니다.
❸ 99 미만인 자연수를 큰 수부터 순서대로 6개 써 보면
98, 97, 96, 95, 94, 93
❹ ㉠에 들어갈 수 있는 자연수 중 가장 큰 수: 93

3 ❶ 할아버지: 경로 요금, 아버지, 어머니: 어른 요금,
서지: 어린이 요금
❷ (KTX를 탈 때의 요금)
 $=41900+59800\times2+29900=191400$(원)
❸ (무궁화호를 탈 때의 요금)
 $=20000+28600\times2+14300=91500$(원)

4 ❶ 학생 수가 가장 적은 경우: 버스 5대에 30명씩 타고,
버스 1대에 1명만 탔을 때
 ⇨ (해승이네 학교 5학년 학생 수)
  $=30\times5+1=151$(명)
❷ 학생 수가 가장 많은 경우: 버스 6대에 30명씩 탔을 때
 ⇨ (해승이네 학교 5학년 학생 수)$=30\times6=180$(명)
❸ 해승이네 학교 5학년 학생 수: 151명 이상 180명 이하
❹ 필요한 주스의 수:
 $2\times151=302$(병) 이상 $2\times180=360$(병) 이하

5 ❶ 승연: 10000원짜리 지폐로만 내야 하므로 37500을
올림하여 만의 자리까지 나타내면 40000입니다.
 ⇨ 10000원짜리 지폐를 최소
  $40000\div10000=4$(장) 내야 합니다.
❷ 지성: 1000원짜리 지폐로만 내야 하므로 37500을
올림하여 천의 자리까지 나타내면 38000입니다.
 ⇨ 1000원짜리 지폐를 최소
  $38000\div1000=38$(장) 내야 합니다.
❸ (두 사람이 내야 할 지폐 수의 합)$=4+38=42$(장)

6 ❶ (필요한 밀가루의 양)$=250\times30=7500$ (g)
❷ 밀가루를 1 kg 단위로 사야 하므로 7500을 올림하여
천의 자리까지 나타내면 8000입니다.
❸ 8000 g은 8 kg이므로
 (밀가루를 사는 데 드는 돈)$=2700\times8=21600$(원)

7 ❶ 48●■1을 올림하여 천의 자리까지 나타낸 수가
49000이므로 반올림하여 천의 자리까지 나타낸 수도
49000입니다.
❷ 48●■1을 반올림하여 천의 자리까지 나타낸 수가
49000이려면 ●■는 50부터 99까지입니다.
❸ 어림하기 전의 수가 될 수 있는 다섯 자리 수 중 가장
작은 수는 48501이고, 가장 큰 수는 48991입니다.

8 ❶ 올림하여 십의 자리까지 나타내면 290이 되는 자연수:
281, 282, 283, 284, 285, 286, 287, 288, 289,
290
❷ 버림하여 십의 자리까지 나타내면 280이 되는 자연수:
280, 281, 282, 283, 284, 285, 286, 287, 288,
289
❸ ❶과 ❷를 모두 만족하는 자연수: 281, 282, 283,
284, 285, 286, 287, 288, 289 ⇨ 9개

9 ❶ 6000만보다 작고 6000만에 가장 가까운 수:
56654411
 ⇨ 6000만과의 차는
  $60000000-56654411=3345589$
❷ 6000만보다 크고 6000만에 가장 가까운 수:
61144556
 ⇨ 6000만과의 차는
  $61144556-60000000=1144556$
❸ 6000만에 가장 가까운 여덟 자리 수: 61144556
❹ 61144556을 반올림하여 만의 자리까지 나타내기:
61140000

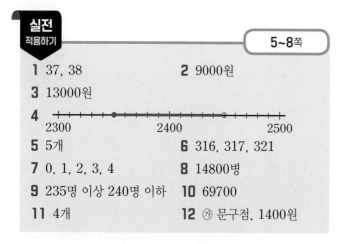

1 37, 38	**2** 9000원
3 13000원	
4 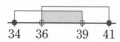	
5 5개	**6** 316, 317, 321
7 0, 1, 2, 3, 4	**8** 14800병
9 235명 이상 240명 이하	**10** 69700
11 4개	**12** ㉮ 문구점, 1400원

1 ❶ 두 수의 범위를 하나의 수직선에 나타냅니다.

34 36 39 41

⇨ 두 수의 범위의 공통 범위: 36 초과 39 미만인 수

❷ 두 수의 범위에 공통으로 포함되는 자연수: 37, 38

2 ❶ (붙임 딱지 한 장과 장난감 한 개의 값)
＝2500＋6300＝8800(원)

❷ 1000원짜리 지폐로만 내야 하므로 8800을 올림하여 천의 자리까지 나타내면 9000입니다.

❸ 승아는 최소 9000원을 내야 합니다.

3 ❶ 배추 4 kg은 5 kg 이하에 속하므로 택배 요금은 5000원입니다.

❷ (무의 무게)＝4＋2＝6 (kg)

6 kg은 5 kg 초과 10 kg 이하에 속하므로 택배 요금은 8000원입니다.

❸ (두 택배 요금의 합)＝5000＋8000＝13000(원)

4 ❶ 반올림하여 백의 자리까지 나타내면 24400이 되는 수의 범위: 2350 이상 2450 미만인 수

❷ 2350 이상 2450 미만인 수는 2350에 ●로, 2450에 ○로 표시하고 두 수 사이를 선으로 잇습니다.

5 ❶ ㉠ 초과인 수에는 ㉠이 포함되지 않고, 40 이하인 수에는 40이 포함됩니다.

❷ 40 이하인 5의 배수를 큰 수부터 순서대로 4개 써 보면 40, 35, 30, 25

❸ ㉠에 들어갈 수 있는 자연수: 24, 23, 22, 21, 20
⇨ 5개

6 ❶ 백의 자리 숫자가 3이고 십의 자리 숫자가 1인 경우 일의 자리 숫자에는 6 또는 7이 올 수 있습니다.
⇨ 316, 317

❷ 백의 자리 숫자가 3이고 십의 자리 숫자가 2인 경우 일의 자리 숫자에는 1이 올 수 있습니다.
⇨ 321

7 ❶ 82□06을 버림하여 천의 자리까지 나타낸 수가 82000이므로 반올림하여 천의 자리까지 나타낸 수도 82000입니다.

❷ 82□06을 반올림하여 천의 자리까지 나타낸 수가 82000이려면 □ 안에 들어갈 수 있는 수: 0, 1, 2, 3, 4

8 ❶ 올림하여 백의 자리까지 나타내면 7400이 되는 수의 범위: 7300 초과 7400 이하인 수

❷ 참가자 모두에게 생수를 2병씩 나누어 주려면 참가자 수가 가장 많은 경우인 7400명일 때를 생각하여 생수를 준비해야 합니다.
⇨ (준비해야 하는 생수의 수)＝2×7400＝14800(병)

9 ❶ 학생 수가 가장 적은 경우: 긴 의자 39개에 6명씩 앉고, 긴 의자 1개에 1명만 앉을 때
⇨ (학생 수)＝6×39＋1＝235(명)

❷ 학생 수가 가장 많은 경우: 긴 의자 40개에 6명씩 앉을 때
⇨ (학생 수)＝6×40＝240(명)

❸ 아진이네 학교 5학년 학생 수: 235명 이상 240명 이하

10 ❶ 70000보다 작고 70000에 가장 가까운 수: 69730
⇨ 70000과의 차는 70000－69730＝270

❷ 70000보다 크고 70000에 가장 가까운 수: 70369
⇨ 70000과의 차는 70369－70000＝369

❸ 70000에 가장 가까운 다섯 자리 수: 69730

❹ 69730을 반올림하여 백의 자리까지 나타내기: 69700

11 ❶ 올림하여 십의 자리까지 나타내면 350이 되는 자연수의 범위: 341 이상 350 이하인 수

❷ 버림하여 십의 자리까지 나타내면 340이 되는 자연수의 범위: 340 이상 349 이하인 수

❸ 반올림하여 십의 자리까지 나타내면 340이 되는 자연수의 범위: 335 이상 344 이하인 수

❹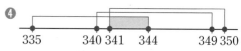

335 340 341 344 349 350

⇨ 세 조건을 만족하는 자연수: 341 이상 344 이하인 수는 341, 342, 343, 344 (4개)

12 ❶ ㉮ 문구점: 풍선을 10개씩 사야 하므로 155를 올림하여 십의 자리까지 나타내면 160입니다.
⇨ 16묶음 사야 하므로
(풍선 값)＝600×16＝9600(원)

❷ ㉯ 문구점: 풍선을 100개씩 사야 하므로 155를 올림하여 백의 자리까지 나타내면 200입니다.
⇨ 2묶음 사야 하므로
(풍선 값)＝5500×2＝11000(원)

❸ ㉮ 문구점에서 살 때 돈이 11000－9600＝1400(원) 적게 듭니다.

2 분수의 곱셈

유형 변형하기   9~10쪽

1 3, 4, 5	**2** $18\frac{7}{10}$ km	**3** 42
4 180 cm²	**5** $2\frac{3}{5}$	**6** $5\frac{3}{5}$
7 146 m	**8** 300 cm	

1 ❶ $\frac{1}{35} < \frac{1}{6} \times \frac{1}{\square} < \frac{1}{15}$ ⇨ $\frac{1}{35} < \frac{1}{6 \times \square} < \frac{1}{15}$

❷ 단위분수는 분모가 작을수록 크므로 $35 > 6 \times \square > 15$

❸ □ 안에 들어갈 수 있는 자연수: 3, 4, 5

2 ❶ 5분 40초 $= 5\frac{40}{60}$ 분 $= 5\frac{2}{3}$ 분

❷ (1분 동안 달렸을 때 두 자동차 사이의 거리)

$= 1\frac{2}{5} + 1\frac{9}{10} = 1\frac{4}{10} + 1\frac{9}{10} = 2\frac{13}{10} = 3\frac{3}{10}$ (km)

❸ (5분 40초 동안 달렸을 때 두 자동차 사이의 거리)

$= 3\frac{3}{10} \times 5\frac{2}{3} = \frac{\overset{11}{33}}{10} \times \frac{17}{\underset{1}{3}} = \frac{187}{10} = 18\frac{7}{10}$ (km)

3 ❶ 계산 결과가 가장 크려면 대분수의 자연수 부분과 곱하는 수에 큰 수를 놓아 곱셈식을 만듭니다.

❷ $9\frac{2}{3} \times 4 = \frac{29}{3} \times 4 = \frac{116}{3} = 38\frac{2}{3}$,

$4\frac{2}{3} \times 9 = \frac{14}{\underset{1}{3}} \times \overset{3}{9} = 42$

❸ $38\frac{2}{3} < 42$ 이므로 계산 결과가 가장 클 때의 곱은 42 입니다.

4 ❶ (만든 직사각형의 가로) $= 12 + \overset{4}{\cancel{12}} \times \frac{2}{\underset{1}{3}}$

$= 12 + 8 = 20$ (cm)

❷ (만든 직사각형의 세로) $= 12 - \overset{3}{\cancel{12}} \times \frac{1}{\underset{1}{4}}$

$= 12 - 3 = 9$ (cm)

❸ (만든 직사각형의 넓이) $= 20 \times 9 = 180$ (cm²)

5 ❶ ($2\frac{1}{4}$ 과 ㉠ 사이의 거리)

$= \left(5\frac{3}{4} - 2\frac{1}{4}\right) \times \frac{1}{2} \times \frac{1}{5} = \frac{\overset{7}{14}}{4} \times \frac{1}{\underset{1}{2}} \times \frac{1}{5} = \frac{7}{20}$

❷ ㉠ $= 2\frac{1}{4} + \frac{7}{20} = 2\frac{5}{20} + \frac{7}{20} = 2\frac{12}{20} = 2\frac{3}{5}$

6 ❶ 구하려는 기약분수를 $\frac{\blacktriangle}{\blacksquare}$ 라 할 때,

$\frac{5}{14} \times \frac{\blacktriangle}{\blacksquare}$=(자연수), $\frac{15}{28} \times \frac{\blacktriangle}{\blacksquare}$=(자연수)이려면

■는 5와 15의 공약수, ▲는 14와 28의 공배수이어야 합니다.

❷ $\frac{\blacktriangle}{\blacksquare}$ 가 가장 작으려면 분모는 크고, 분자는 작아야 하므로

$\frac{\blacktriangle}{\blacksquare} = \frac{(14와\ 28의\ 최소공배수)}{(5와\ 15의\ 최대공약수)} = \frac{28}{5} = 5\frac{3}{5}$

7 ❶ (첫 번째로 튀어 오른 공의 높이) $= \overset{6}{\cancel{36}} \times \frac{5}{\underset{1}{\cancel{6}}} = 30$ (m)

❷ (두 번째로 튀어 오른 공의 높이) $= \overset{5}{\cancel{30}} \times \frac{5}{\underset{1}{\cancel{6}}} = 25$ (m)

❸ (공이 세 번째로 땅에 닿을 때까지 움직인 전체 거리)

$= 36 + 30 \times 2 + 25 \times 2 = 36 + 60 + 50 = 146$ (m)

> **참고**
>
> 공이 세 번째로 땅에 닿을 때까지 움직인 전체 거리
>
>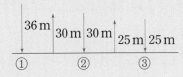
>
> ①   ②   ③

8 ❶ 남은 끈의 길이: 전체의

$\left(1 - \frac{4}{5}\right) \times \left(1 - \frac{2}{3}\right) = \frac{1}{5} \times \frac{1}{3} = \frac{1}{15}$

❷ 전체 끈의 $\frac{1}{15}$ 이 20 cm이므로

(현규가 처음에 가지고 있던 끈의 길이)

$= 20 \times 15 = 300$ (cm)

> **다른 풀이**
>
> 처음에 가지고 있던 끈의 길이를 □ cm라 하면
>
> $\square \times \left(1 - \frac{4}{5}\right) \times \left(1 - \frac{2}{3}\right) = 20$, $\square \times \frac{1}{5} \times \frac{1}{3} = 20$,
>
> $\square \times \frac{1}{15} = 20$, $\square = 20 \times 15 = 300$
>
> ⇨ 현규가 처음에 가지고 있던 끈은 300 cm입니다.

실전 적용하기   11~14쪽

1 6	**2** $\frac{7}{26}$	**3** $\frac{1}{60}$
4 $11\frac{3}{7}$ m	**5** $17\frac{2}{3}$	**6** 3500원
7 450 cm²	**8** $1\frac{1}{5}$ km	**9** 30개
10 $61\frac{1}{4}$ m	**11** $1\frac{1}{7}$	**12** $\frac{11}{60}$

1 ❶ $\dfrac{1}{8} \times \dfrac{1}{7} = \dfrac{1}{56}$

❷ $\dfrac{1}{9 \times \square} > \dfrac{1}{56}$ 에서 단위분수는 분모가 작을수록 크므로

$9 \times \square < 56$

❸ $\square$ 안에 들어갈 수 있는 자연수 중에서 가장 큰 수: 6

2 ❶ 보이지 않는 부분의 기약분수를 $\square$라 하면

$\square \times 2\dfrac{2}{7} \times 1\dfrac{5}{8} = \square \times \dfrac{\overset{2}{\cancel{16}}}{7} \times \dfrac{13}{\underset{1}{\cancel{8}}} = \square \times \dfrac{26}{7} = 1$

❷ $\square \times \dfrac{26}{7} = 1$이 되려면 $\square$는 $\dfrac{7}{26}$이 되어야 합니다.

3 ❶ 진분수의 곱은 분모가 클수록, 분자가 작을수록 작아집니다.

❷ 계산 결과가 가장 작을 때의 곱: $\dfrac{1 \times \overset{1}{\cancel{2}} \times \overset{1}{\cancel{3}}}{\underset{3}{\cancel{9}} \times \underset{4}{\cancel{8}} \times 5} = \dfrac{1}{60}$

4 ❶ (첫 번째로 튀어 오른 공의 높이) $= \overset{5}{\cancel{35}} \times \dfrac{4}{\underset{1}{\cancel{7}}} = 20\,(\text{m})$

❷ (두 번째로 튀어 오른 공의 높이) $= 20 \times \dfrac{4}{7} = 11\dfrac{3}{7}\,(\text{m})$

5 ❶ 6과 ㉠ 사이의 거리는 6과 27 사이의 거리의 $\dfrac{5}{9}$이므로

(6과 ㉠ 사이의 거리) $= (27-6) \times \dfrac{5}{9} = \overset{7}{\cancel{21}} \times \dfrac{5}{\underset{3}{\cancel{9}}} = 11\dfrac{2}{3}$

❷ ㉠ $= 6 + 11\dfrac{2}{3} = 17\dfrac{2}{3}$

6 ❶ 남은 돈: 전체의 $\left(1 - \dfrac{1}{3}\right) \times \left(1 - \dfrac{5}{12}\right) = \dfrac{7}{18}$

❷ (남은 돈) $= \overset{500}{\cancel{9000}} \times \dfrac{7}{\underset{1}{\cancel{18}}} = 3500\,(\text{원})$

7 ❶ (새로 만든 직사각형의 가로) $= 24 + \overset{6}{\cancel{24}} \times \dfrac{1}{\underset{1}{\cancel{4}}} = 30\,(\text{cm})$

❷ (새로 만든 직사각형의 세로) $= 20 - \overset{5}{\cancel{20}} \times \dfrac{1}{\underset{1}{\cancel{4}}} = 15\,(\text{cm})$

❸ (새로 만든 직사각형의 넓이) $= 30 \times 15 = 450\,(\text{cm}^2)$

8 ❶ 5분 20초 $= 5\dfrac{20}{60}$분 $= 5\dfrac{1}{3}$분

❷ (1분 동안 달렸을 때 두 오토바이 사이의 거리)

$= 1\dfrac{5}{8} - 1\dfrac{2}{5} = 1\dfrac{25}{40} - 1\dfrac{16}{40} = \dfrac{9}{40}\,(\text{km})$

❸ (5분 20초 동안 달렸을 때 두 오토바이 사이의 거리)

$= \dfrac{9}{40} \times 5\dfrac{1}{3} = \dfrac{\overset{3}{\cancel{9}}}{\underset{5}{\cancel{40}}} \times \dfrac{\overset{2}{\cancel{16}}}{\underset{1}{\cancel{3}}} = \dfrac{6}{5} = 1\dfrac{1}{5}\,(\text{km})$

9 ❶ 노란색과 초록색 구슬을 뺀 나머지 구슬: 전체의

$\left(1 - \dfrac{2}{3}\right) \times \left(1 - \dfrac{2}{5}\right) = \dfrac{1}{\cancel{3}} \times \dfrac{\overset{1}{\cancel{3}}}{5} = \dfrac{1}{5}$

❷ 전체 구슬의 $\dfrac{1}{5}$이 6개이므로

(전체 구슬의 수) $= 6 \times 5 = 30\,(\text{개})$

10 ❶ (첫 번째로 튀어 오른 공의 높이) $= \overset{5}{\cancel{20}} \times \dfrac{3}{\underset{1}{\cancel{4}}} = 15\,(\text{m})$

❷ (두 번째로 튀어 오른 공의 높이) $= 15 \times \dfrac{3}{4} = 11\dfrac{1}{4}\,(\text{m})$

❸ (공이 두 번째로 튀어 올랐을 때까지 움직인 전체 거리)

$= 20 + 15 \times 2 + 11\dfrac{1}{4} = 20 + 30 + 11\dfrac{1}{4}$

└─→ 공이 첫 번째로 튀어 올랐다가 떨어진 거리

$= 61\dfrac{1}{4}\,(\text{m})$

> **참고**
>
> 공이 두 번째로 튀어 올랐을 때까지 움직인 전체 거리
>
>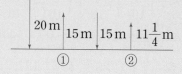
>
> 20 m ↓ 15 m ↑ 15 m ↓ 11$\dfrac{1}{4}$ m ↑
> ① ②

11 ❶ 구하려는 기약분수를 $\dfrac{\blacktriangle}{\blacksquare}$라 할 때,

$1\dfrac{3}{4} \times \dfrac{\blacktriangle}{\blacksquare} = \dfrac{7}{4} \times \dfrac{\blacktriangle}{\blacksquare} = (\text{자연수}),$

$2\dfrac{5}{8} \times \dfrac{\blacktriangle}{\blacksquare} = \dfrac{21}{8} \times \dfrac{\blacktriangle}{\blacksquare} = (\text{자연수})$이려면

$\blacksquare$는 7과 21의 공약수, $\blacktriangle$는 4와 8의 공배수이어야 합니다.

❷ $\dfrac{\blacktriangle}{\blacksquare}$가 가장 작으려면 분모는 크고, 분자는 작아야 하므로

$\dfrac{\blacktriangle}{\blacksquare} = \dfrac{(\text{4와 8의 최소공배수})}{(\text{7과 21의 최대공약수})} = \dfrac{8}{7} = 1\dfrac{1}{7}$

12 ❶ 지은이가 1시간 동안 하는 일의 양: 전체의 $\dfrac{1}{3}$,

규민이가 1시간 동안 하는 일의 양: 전체의 $\dfrac{1}{4}$

❷ (두 사람이 1시간 동안 하는 일의 양)

$= \dfrac{1}{3} + \dfrac{1}{4} = \dfrac{4}{12} + \dfrac{3}{12} = \dfrac{7}{12}$

❸ 1시간 24분 $= 1\dfrac{24}{60}$시간 $= 1\dfrac{2}{5}$시간이므로

(두 사람이 1시간 24분 동안 하는 일의 양)

$= \dfrac{7}{12} \times 1\dfrac{2}{5} = \dfrac{7}{12} \times \dfrac{7}{5} = \dfrac{49}{60}$

❹ 남은 일의 양: 전체의 $1 - \dfrac{49}{60} = \dfrac{60}{60} - \dfrac{49}{60} = \dfrac{11}{60}$

유형
변형하기 · **15~17쪽**

1 3개	**2** 7 cm	**3** 45°
4 80°	**5** 4 cm	**6** 2 cm
7 68 cm	**8** 10 cm	**9** 12개

1 ❶ 가　　　나

3개　　　6개

❷ (가와 나의 대칭축의 개수의 차)=6−3=3(개)

2 ❶ 서로 합동인 두 삼각형에서 각각의 대응변의 길이가
서로 같으므로 (변 ㄱㄴ)=(변 ㄹㄴ)=12 cm
❷ (변 ㄷㄴ)=30−13−12=5 (cm)
❸ (변 ㅁㄴ)=(변 ㄷㄴ)=5 cm이므로
(선분 ㄱㅁ)=(변 ㄱㄴ)−(변 ㅁㄴ)
　　　　　　=12−5=7 (cm)

3 ❶ (각 ㄷㄱㄴ)=180°−90°−25°=65°
❷ 서로 합동인 두 삼각형에서 각각의 대응각의 크기가
서로 같으므로 (각 ㅁㄷㄹ)=(각 ㄷㄱㄴ)=65°
❸ 한 직선이 이루는 각의 크기는 180°이므로
(각 ㄱㄷㅁ)=180°−25°−65°=90°
❹ 삼각형 ㄱㄷㅁ은
(변 ㄱㄷ)=(변 ㄷㅁ)이므로 이등변삼각형입니다.
(각 ㄱㅁㄷ)=(180°−90°)÷2=45°

4 ❶ 한 직선이 이루는 각의 크기는 180°이므로
(각 ㅂㄱㄴ)=180°−60°=120°
❷ 선대칭도형은 대칭축에 의해 도형이 둘로 똑같이 나누
어지므로
(각 ㅂㄱㄹ)=(각 ㅂㄱㄴ)÷2=120°÷2=60°
❸ (각 ㅁㅂㄱ)=(각 ㄷㄴㄱ)=110°, (각 ㄱㄹㅁ)=90°
❹ (각 ㄹㅁㅂ)=360°−60°−90°−110°=100°
이므로 ㉠=180°−100°=80°

5 ❶ (변 ㄹㅁ)=(변 ㅇㄱ)=22 cm
❷ 변 ㅅㅂ의 길이를 □ cm라 하면
(15+22+10+□)×2=102,
15+22+10+□=51, □=4
❸ (선분 ㄷㅈ)=(12−4)÷2=4 (cm)

6 ❶

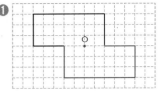

점 ㅇ을 대칭의 중심으로 하는 점대칭도형을 완성하면
완성한 점대칭도형의 넓이는 가로가 7칸, 세로가 3칸인
직사각형의 넓이의 2배와 같습니다.
❷ 모눈 한 칸의 넓이를 □ cm²라 하면
7×3×2×□=168, 42×□=168, □=4
❸ 2×2=4이므로 모눈 한 칸의 한 변의 길이는 2 cm
입니다.

7 ❶ 둘레가 가장 길 때는 가장
짧은 변인 변 ㄷㄹ을 대칭
축으로 하는 선대칭도형을
만들었을 때입니다.

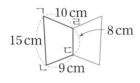

❷ (만든 선대칭도형의 둘레)=(10+15+9)×2
　　　　　　　　　　　　=68 (cm)

8 ❶ 삼각형 ㄱㄴㅁ과 삼각형 ㄷㅂㅁ은 서로 합동이므로
각각의 대응변의 길이가 서로 같습니다.
(변 ㄴㅁ)=(변 ㅂㅁ)=6 cm,
(변 ㄱㄴ)=(변 ㄷㅂ)=8 cm
❷ 선분 ㅁㄷ의 길이를 □ cm라 하면
(6+□)×8=128, 6+□=16, □=10
⇨ 선분 ㅁㄷ의 길이는 10 cm입니다.

9 ❶ 주어진 숫자 중 어떤 점을 중심으로 180° 돌렸을 때
숫자인 것: 2, 0, 6, 9
❷ 점대칭이 되는 네 자리 수:
2002, 2222, 2692, 2962, 6009, 6229,
6699, 6969, 9006, 9226, 9696, 9966
⇨ 12개

실전
적용하기 · **18~21쪽**

1 ㉢	**2** 35 cm	

3

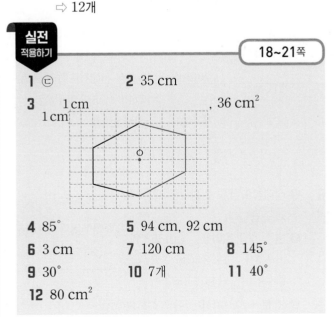

　, 36 cm²

4 85°	**5** 94 cm, 92 cm	
6 3 cm	**7** 120 cm	**8** 145°
9 30°	**10** 7개	**11** 40°
12 80 cm²		

1 ❶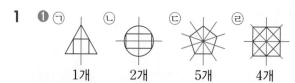
1개 　2개 　5개 　4개

❷ 대칭축의 개수가 가장 많은 것은 ㉢입니다.

2 ❶ 서로 합동인 두 삼각형에서 각각의 대응변의 길이가
서로 같으므로

(변 ㄱㄴ)=(변 ㅁㄹ)=16 cm,
(변 ㅁㄷ)=(변 ㄱㄷ)=12 cm

❷ (변 ㄴㄷ)=12−5=7 (cm)

❸ (삼각형 ㄱㄴㄷ의 둘레)=16+7+12=35 (cm)

3 ❶ 점 ㅇ을 대칭의 중심으로 하는 점대칭도형을 완성하면
완성한 점대칭도형의 넓이는 윗변의 길이가 3 cm,
아랫변의 길이가 6 cm, 높이가 4 cm인 사다리꼴의
넓이의 2배와 같습니다.

❷ (완성한 점대칭도형의 넓이)=(3+6)×4÷2×2
=36 (cm²)

4 ❶ 선대칭도형은 대칭축에 의해 도형이 둘로 똑같이 나누
어지므로

(각 ㅂㄱㄹ)=(각 ㅂㄱㄴ)÷2=100°÷2=50°

❷ 한 직선이 이루는 각의 크기는 180°이므로

(각 ㅁㅂㄱ)=180°−70°=110°

❸ (각 ㄱㄹㅁ)=(각 ㄱㄹㄷ)=115°이므로

(각 ㄹㅁㅂ)=360°−50°−115°−110°=85°

5 ❶ 대칭축이 변 ㄱㄴ일 때

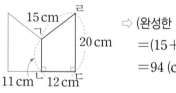
15 cm 　ㄹ
20 cm
11 cm 　12 cm
⇨ (완성한 선대칭도형의 둘레)
=(15+20+12)×2
=94 (cm)

❷ 대칭축이 변 ㄴㄷ일 때

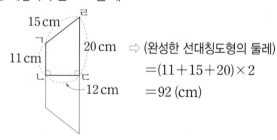
15 cm 　ㄹ
11 cm 　20 cm
12 cm
⇨ (완성한 선대칭도형의 둘레)
=(11+15+20)×2
=92 (cm)

6 ❶ 점대칭도형을 완성하면 오른쪽
과 같습니다.

❷ 변 ㄹㄷ의 길이를 □ cm라 하면

(6+8+□)×2=36,
6+8+□=18, □=4

❸ (선분 ㄴㅇ)=(10−4)÷2=3 (cm)

8 cm
6 cm 　ㄹ
10 cm

7 ❶ (변 ㄹㄷ)=120×2÷10=24 (cm)

❷ 삼각형 ㄴㅂㅁ과 삼각형 ㄹㅂㄷ은 서로 합동이므로
각각의 대응변의 길이가 서로 같습니다.

(변 ㄴㅂ)=(변 ㄹㅂ)=26 cm이므로
(변 ㄴㄷ)=26+10=36 (cm)

❸ (직사각형 ㄱㄴㄷㄹ의 둘레)=(36+24)×2
=120 (cm)

8 ❶ 삼각형 ㄱㄴㄷ에서

(각 ㄷㄱㄴ)=180°−35°−50°=95°

❷ 서로 합동인 도형에서 각각의 대응각의 크기가 서로 같
으므로

(각 ㄹㅁㅂ)=(각 ㅂㄱㄹ)=95°,
(각 ㄹㅁㄴ)=(각 ㅂㄱㄷ)=50°

❸ (각 ㄴㅁㅂ)=(각 ㄹㅁㅂ)+(각 ㄹㅁㄴ)
=95°+50°=145°

9 ❶ (각 ㄱㄴㄷ)=(각 ㄱㄹㅁ)이므로
사각형 ㄱㄴㅂㄹ에서

(각 ㄱㄴㄷ)=(360°−90°−150°)÷2=60°

❷ 삼각형 ㄱㄴㄷ에서

(각 ㄴㄷㄱ)=180°−90°−60°=30°

10 ❶ 2692보다 작고 점대칭이 되는 네 자리 수:
1111, 1221, 1691, 1881, 1961, 2112, 2222

❷ 만들 수 있는 네 자리 수는 모두 7개입니다.

11 ❶ 삼각형 ㄱㄷㄹ은 선분 ㅁㄷ을 대칭축으로 하는 선대칭
도형이므로

(각 ㅁㄷㄹ)=(각 ㅁㄷㄱ)=50°

❷ 삼각형 ㄱㄷㅁ에서 (각 ㄷㅁㄱ)=90°이므로

(각 ㄱㄷㅁ)=180°−90°−50°=40°

❸ 사각형 ㄱㄴㄷㅁ은 선분 ㄱㄷ을 대칭축으로 하는 선대
칭도형이므로

(각 ㄱㄷㄴ)=(각 ㄱㄷㅁ)=40°

12 ❶ (각 ㄹㄱㄷ)=(각 ㄴㄱㄷ)=30°이므로

(각 ㄴㄱㄹ)=(각 ㄴㄱㄷ)+(각 ㄹㄱㄷ)
=30°+30°=60°

(변 ㄱㄴ)=(변 ㄱㄹ)이므로
(각 ㄱㄴㄹ)=(각 ㄱㄹㄴ)=(180°−60°)÷2=60°

⇨ 삼각형 ㄱㄴㄹ은 정삼각형입니다.

❷ (선분 ㄴㄹ)=(변 ㄱㄴ)=16 cm이므로

(선분 ㄴㅅ)=16÷2=8 (cm)

❸ (삼각형 ㄱㄴㄷ의 넓이)=10×8÷2=40 (cm²)
이므로 (선대칭도형의 넓이)=40×2=80 (cm²)

4 소수의 곱셈

22~24쪽

유형 변형하기

1 63.99	**2** 10개
3 315.7	**4** 2 cm
5 20.844	**6** 78.1
7 174.902 m²	**8** 27.84 km
9 151.11 L	**10** 9

1 ❶ 어떤 수를 □라 하고 잘못 계산한 식을 쓰면
□+2.7=26.4입니다. □=26.4−2.7=23.7
❷ 바르게 계산하면 23.7×2.7=63.99

2 ❶ 4.3×2=8.6, 1.7×14=23.8이므로
8.6<□<23.8입니다.
➪ □ 안에 들어갈 수 있는 자연수는 9부터 23까지
❷ 13×0.4=5.2, 7×2.6=18.2이므로
5.2<□<18.2입니다.
➪ □ 안에 들어갈 수 있는 자연수는 6부터 18까지
❸ 따라서 □ 안에 공통으로 들어갈 수 있는 자연수는 9부터
18까지이므로 10개입니다.

3 ❶ 4.9◈8=4.9×8+4.9
=39.2+4.9
=44.1
❷ 7◈44.1=7×44.1+7
=308.7+7
=315.7

4 ❶ 길이가 12.7 cm인 색 테이프 17장의 길이의 합은
12.7×17=215.9 (cm)입니다.
❷ 겹친 부분은 모두 16군데이고 □cm씩 겹쳤다고 하면
겹친 부분의 길이의 합은 (□×16) cm입니다.
❸ 이어 붙인 색 테이프의 전체 길이가 183.9 cm이므로
215.9−(□×16)=183.9에서 □×16=32입니다.
□=32÷16, □=2

5 ❶ 수 카드에 적힌 수의 크기를 비교하면
3<5<6<7<9이므로 일의 자리에 3과 5를 놓아야
합니다.
❷ 소수 두 자리 수와 소수 한 자리 수의 곱이므로
3.67×5.9=21.653, 3.79×5.6=21.224,
3.69×5.7=21.033, 5.67×3.9=22.113,
5.79×3.6=20.844, 5.69×3.7=21.053

❸ 20.844<21.033<21.053<21.224<21.653
<22.113이므로 곱이 가장 작을 때는 20.844입니다.

6 ❶ 2.96 $\xrightarrow{\frac{1}{10}배}$ 0.296이므로
7.81을 10배한 수를 곱해야 계산 결과가 같아집니다.
❷ 7.81 $\xrightarrow{10배}$ 78.1

7 ❶ 가로가 21.7 m, 세로가 15.5 m인 직사각형 모양의 논
의 넓이는 21.7×15.5=336.35 (m²)입니다.
❷ ❶에서 가로는 0.4배, 세로는 1.2배 하면
가로는 21.7×0.4=8.68 (m),
세로는 15.5×1.2=18.6 (m)이므로
넓이는 8.68×18.6=161.448 (m²)입니다.
❸ (넓이의 차)=336.35−161.448=174.902 (m²)

8 ❶ 2시간 24분을 소수로 나타냅니다.
2시간 24분=$2\frac{24}{60}$시간=2.4시간
❷ (찬우가 2.4시간 동안 간 거리)=6.8×2.4
=16.32 (km)
수현이는 15분 동안 1.2 km를 걸으면
한 시간 동안에는 1.2×4=4.8 (km)를 걷습니다.
(수현이가 2.4시간 동안 간 거리)=4.8×2.4
=11.52 (km)
❸ (반대 방향으로 간 두 사람 사이의 거리)
=16.32+11.52
=27.84 (km)

9 ❶ (1분 동안 받을 수 있는 물의 양)=24.3−2.4
=21.9 (L)
❷ 6분 54초=6.9분
❸ (6분 54초 동안 물탱크에 받을 수 있는 물의 양)
=21.9×6.9
=151.11 (L)

10 ❶ 0.7을 70번 곱하면 곱은 소수 70째 자리 수가 되므로
소수 70째 자리 숫자는 소수점 아래 끝자리 숫자입니다.
❷ 0.7을 계속 곱하면 곱의 소수점 아래 끝자리 숫자는
7, 9, 3, 1이 반복됩니다.
❸ 70÷4=17…2이므로 0.7을 70번 곱했을 때 곱의
소수 70째 자리 숫자는 0.7을 2번 곱했을 때의 소수점
아래 끝자리 숫자와 같은 9입니다.

1 $\dfrac{1}{100}$배(또는 0.01배)	**2** 35.42
3 46.08	**4** 70.3
5 26.414 m	**6** 9
7 45.984 L	**8** 2.976 km
9 672대	**10** 6
11 3 cm	

1 ❶ 0.71 × 3.63 = 2.5773

$\uparrow\dfrac{1}{10}$배 $\uparrow\dfrac{1}{10}$배 $\uparrow\dfrac{1}{100}$배

   7.1 × 36.3 = 257.73

❷ 0.71×3.63은 7.1×36.3의 $\dfrac{1}{100}$배입니다.

2 ❶ 가 대신 3.7을, 나 대신 5.2를 넣어 식을 쓰고 계산합니다.

❷ 3.7♥5.2=6.1×5.2+3.7
    =31.72+3.7
    =35.42

3 ❶ 7＞6＞4＞2이므로 일의 자리에 7과 6을 놓습니다.

❷ 7.4×6.2=45.88,
   7.2×6.4=46.08

❸ 46.08＞45.88이므로 곱이 가장 클 때는 46.08입니다.

4 ❶ 어떤 수를 □라 하고 잘못 계산한 식을 쓰면
    □+7.4=16.9입니다.
    □=16.9-7.4=9.5

❷ 바르게 계산하면 9.5×7.4=70.3

5 ❶ (보라색 끈의 길이)=4.7×1.4
               =6.58 (m)

❷ (초록색 끈의 길이)=6.58×2.3
               =15.134 (m)

❸ (사용한 끈의 길이의 합)=4.7+6.58+15.134
                  =26.414 (m)

6 ❶ 6.87×5=34.35, 4.94×9=44.46

❷ □ 안에 들어갈 수 있는 자연수는 35, 36, ..., 44입니다.
    ⇨ (가장 큰 수)-(가장 작은 수)
       =44-35=9

7 ❶ 3시간 12분=3.2시간

❷ (현지네 집에서 할아버지 댁까지의 거리)
    =95.8×3.2
    =306.56 (km)

❸ (필요한 휘발유 양)=0.15×306.56
              =45.984 (L)

8 ❶ 12분 24초=12.4분

❷ (가 자동차가 12분 24초 동안 간 거리)
    =2.9×12.4
    =35.96 (km)
   (나 자동차가 12분 24초 동안 간 거리)
    =3.14×12.4
    =38.936 (km)

❸ (두 자동차 사이의 거리)=38.936-35.96
                =2.976 (km)

9 ❶ (올해 목표 판매량)=2100×1.6
              =3360(대)

❷ (오늘까지 판매량)=3360×0.8
             =2688(대)

❸ (목표 달성을 위해 더 판매해야 할 오토바이 수)
    =3360-2688
    =672(대)

10 ❶ 0.8을 100번 곱하면 곱은 소수 100째 자리 수가 되므로 소수 100째 자리 숫자는 소수점 아래 끝자리 숫자입니다.

❷ 0.8을 계속 곱하면 곱의 소수점 아래 끝자리 숫자는 8, 4, 2, 6이 반복됩니다.

❸ 100÷4=25이므로 0.8을 100번 곱했을 때 곱의 소수 100째 자리 숫자는 0.8을 4번 곱했을 때의 소수점 아래 끝자리 숫자와 같은 6입니다.

11 ❶ 길이가 23.7 cm인 색 테이프 14장의 길이의 합은 23.7×14=331.8 (cm)입니다.

❷ 겹친 부분은 모두 13군데이고 □ cm씩 겹쳤다고 하면 겹친 부분의 길이의 합은 (□×13) cm입니다.

❸ 이어 붙인 색 테이프의 전체 길이가 292.8 cm이므로 331.8-(□×13)=292.8에서
   □×13=39입니다. □=39÷13, □=3

29~31쪽

1 288 cm

2 ㉮, ㉯, ㉶, ㉷

3 56 cm

4 472 cm

5

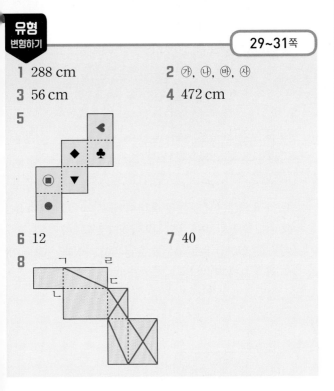

6 12

7 40

8

---

1 ❶ 정육면체의 겨냥도에서 보이지 않는 모서리는 3개입니다.
   정육면체의 한 모서리의 길이를 □ cm라고 하면
   □×3=72, □=72÷3, □=24
   ❷ 정육면체의 모서리는 모두 12개이므로
   (만든 정육면체의 모든 모서리의 길이의 합)
   =24×12
   =288 (cm)

2 겹치는 면이 생기지 않도록 전개도의 면이 될 수 있는 것을
   찾습니다.

3 ❶ 전개도를 접었을 때 면 ㅁㅊㅋㅌ과 평행한 면은
   면 ㄴㄱㅎㄷ입니다.
   ❷ (선분 ㅂㅅ)=28－19=9 (cm)
   (선분 ㅌㅋ)=(선분 ㅂㅅ)=(선분 ㅍㅌ)=(선분 ㄱㄴ)
   =9 cm
   (선분 ㅋㅊ)=(선분 ㅈㅊ)=(선분 ㄷㄹ)=(선분 ㄴㄷ)
   =19 cm
   ❸ 면 ㅁㅊㅋㅌ과 평행한 면인 면 ㄴㄱㅎㄷ의 네 변의
   길이의 합은 19＋9＋19＋9=56 (cm)입니다.

---

4 ❶ 끈은 길이가 41 cm인 부분 6번, 37 cm인 부분 2번,
   38 cm인 부분 4번을 지나갔습니다.
   ❷ 상자를 묶는 데 사용한 끈의 길이는
   41×6＋37×2＋38×4=246＋74＋152
   　　　　　　　　　　=472 (cm)입니다.

5 ❶ ♥와 수직인 면은 ◆, ♣, ▣, ●이므로 평행한 면은
   ▼입니다.
   ❷ ●와 수직인 면은 ▼, ♠, ♥, ▣이므로 평행한 면은
   ◆입니다.
   ❸ 따라서 ♠와 평행한 면은 ▣입니다.

6 ❶ 면 ㉮와 평행한 면의 눈의 수가 2이므로 ㉮=7－2=5
   면 ㉮와 수직인 면의 눈의 수: 1, 3, 4, 6
   ❷ 면 ㉯와 평행한 면의 눈의 수가 6이므로 ㉯=7－6=1
   면 ㉯와 수직인 면의 눈의 수: 2, 3, 4, 5
   ❸ 면 ㉮와 면 ㉯에 공통으로 수직인 면의 눈의 수는 3, 4
   이므로 3×4=12입니다.

7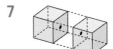

   ❶ (주사위 한 개의 눈의 수의 합)
   =1＋2＋3＋4＋5＋6=21
   ❷ 겉면의 눈의 수의 합이 가장 클 때에는 위쪽 그림과 같
   이 주사위 2개가 맞닿는 면의 눈의 수가 모두 1이어야
   합니다.
   ⇨ 21×2－(1＋1)=40

8 전개도를 접었을 때 한 꼭짓점에서 만나는 세 면을 생각하
   여 선이 지나간 자리를 그립니다.

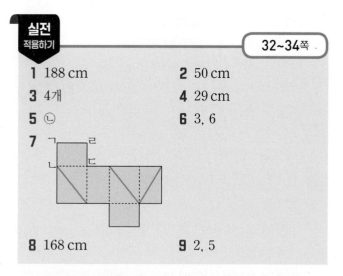

1 188 cm   **2** 50 cm

3 4개   **4** 29 cm

5 ㉡   **6** 3, 6

7

8 168 cm   **9** 2, 5

1 ❶ 직육면체에서 길이가 같은 모서리는 각각 4개씩 있으므로 서로 다른 모서리의 길이를 각각 ▲ cm, ● cm, ■ cm라 하면 보이는 모서리의 길이의 합이 141 cm이므로

(▲＋●＋■)×3＝141입니다.

❷ (▲＋●＋■)×3＝141,

▲＋●＋■＝141÷3＝47

⇨ (직육면체의 모든 모서리의 길이의 합)

＝(▲＋●＋■)×4＝47×4＝188 (cm)

2 ❶ 전개도를 접었을 때 면 ㄷㄹㅁㅂ과 평행한 면은 면 ㅊㅈㅌㅋ입니다.

❷ 면 ㄷㄹㅁㅂ과 평행한 면인 면 ㅊㅈㅌㅋ의 네 변의 길이의 합은

16＋9＋16＋9＝50 (cm)입니다.

3 ❶ 겹치는 면이 생기지 않도록 전개도의 면이 될 수 있는 것을 찾습니다.

❷ ㉢, ㉥, ㉦, ㉨으로 모두 4개입니다.

4 ❶ 끈은 길이가 29 cm인 부분 2번, 24 cm인 부분 2번, 21 cm인 부분 4번을 지나갔습니다.

❷ 매듭으로 사용한 끈의 길이가 31 cm이므로 상자를 묶는 데 사용한 끈은

29×2＋24×2＋21×4＋31

＝58＋48＋84＋31＝221 (cm)입니다.

❸ 따라서 남은 끈의 길이는 250－221＝29 (cm)입니다.

5 ❶ 서로 평행한 면은 ✦과 ♥, ▲와 ★, ●와 ■입니다.

❷ ㉠: ★과 ▲가 서로 수직인 면입니다.

㉡: ✦과 ♥가 서로 수직인 면입니다.

❸ 따라서 전개도를 접어서 만든 정육면체는 ㉡입니다.

6

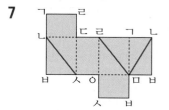

❶ ㉠과 평행한 면의 눈의 수가 4이므로 ㉠＝7－4＝3

❷ ㉢과 평행한 면의 눈의 수가 2이므로 ㉢＝7－2＝5

❸ ㉡에 들어갈 눈의 수는 1 또는 6이고 이때 ㉠과 ㉡의 차가 가장 큰 경우는 ㉡＝6입니다.

7

전개도에 각 꼭짓점의 기호를 표시한 후 선분 ㄴㅅ, 선분 ㄹㅁ, 선분 ㄴㅁ을 그립니다.

8 ❶ 점선을 그어 면이 6개가 되도록 전개도를 완성한 후 서로 만나는 모서리의 길이가 같도록 길이를 정합니다.

❷ 직육면체의 세 모서리의 길이는 10 cm, 13 cm, 19 cm이므로

(만든 직육면체의 모든 모서리의 길이의 합)

＝(10＋13＋19)×4＝42×4＝168 (cm)

9

❶ ㉠은 2와 평행한 면이므로 ㉠＝7－2＝5

㉡은 ㉠과 맞닿는 면이므로 ㉡＝6－5＝1

㉢은 ㉡과 평행한 면이므로 ㉢＝7－1＝6

❷ ㉲은 4와 평행한 면이므로 ㉲＝7－4＝3

㉣은 ㉲과 맞닿는 면이므로 ㉣＝6－3＝3

㉺은 ㉣과 평행한 면이므로 ㉺＝7－3＝4

❸ 따라서 빗금 친 면에 들어갈 수 있는 눈의 수는 2, 5입니다.

6 평균과 가능성

유형
변형하기
35~36쪽

1 1

2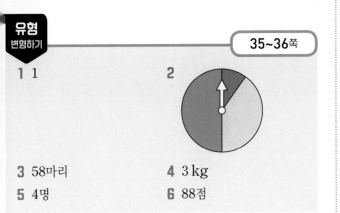

3 58마리

4 3 kg

5 4명

6 88점

---

1 ❶ ㉠$=\dfrac{4}{9}$, ㉡$=\dfrac{5}{9}$

　❷ ㉠$+$㉡$=\dfrac{4}{9}+\dfrac{5}{9}=\dfrac{9}{9}=1$

2 ❶ 화살이 초록색에 멈출 가능성이 가장 높기 때문에 회전 판에서 가장 넓은 곳에 초록색을 색칠합니다.

　❷ 화살이 노란색에 멈출 가능성이 파란색에 멈출 가능성의 4배이므로 가장 좁은 부분에 파란색을 색칠하고, 파란색을 색칠한 부분의 4배인 부분에 노란색을 색칠합니다.

3 ❶ (전체 얼룩말 수의 합)$=63\times4=252$(마리)

　❷ (가 목장과 라 목장의 얼룩말 수의 합)

　　$=252-(81+70)=101$(마리)

　❸ 라 목장의 얼룩말 수를 □마리라 하면 가 목장의 얼룩말 수는 (□$+15$)마리이므로

　　□$+15+$□$=101$, □$+$□$=86$, □$=43$

　❹ 가 목장의 얼룩말 수는 $43+15=58$(마리)입니다.

4 ❶ (1반, 2반, 4반에서 모은 종이류 재활용 쓰레기의 무게의 평균)$=(31+38+33)\div3=34$ (kg)

　❷ (3반이 모은 종이류 재활용 쓰레기의 무게)

　　$=34+4=38$ (kg)

　❸ (4개 반에서 모은 무게의 평균)

　　$=(31+38+38+33)\div4=35$ (kg)

　❹ (3반에서 모은 무게와 4개 반에서 모은 평균 무게의 차)

　　$=38-35=3$ (kg)

---

5 ❶ (동주네 모둠의 자전거를 탄 시간의 평균)

　　$=(69+48+51+56+71)\div5$

　　$=295\div5=59$(분)

　❷ (지민이네 모둠의 자전거를 탄 시간의 합)

　　$=59\times4=236$(분)

　　□$=236-(64+49+58)=65$(분)

　❸ 자전거를 탄 시간이 1시간 이상인 경우는 64분, 65분, 69분, 71분이므로 1시간 이상 탄 학생은 모두 4명입니다.

6 ❶ (1월부터 4월까지 수학 시험 점수의 합)

　　$=84+96+88+94=362$(점)

　❷ 1월부터 5월까지 수학 시험 점수의 평균이 90점이 되려면 수학 시험 점수의 합은 $90\times5=450$(점)이 되어야 합니다.

　❸ 따라서 재훈이가 교내 수학 경시대회에 참가하려면 5월에 최소한 $450-362=88$(점)을 받아야 합니다.

실전
적용하기
37~40쪽

1 ㉢, ㉡, ㉣, ㉠

2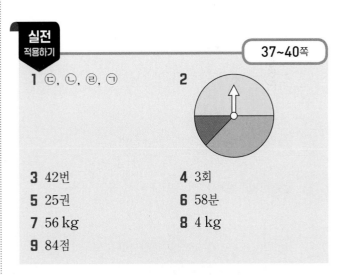

3 42번

4 3회

5 25권

6 58분

7 56 kg

8 4 kg

9 84점

---

1 ❶ ㉠ 수 카드의 수가 7일 가능성은 없습니다. ($=0$)

　❷ ㉡ 홀수가 나올 가능성은 반반입니다. $\left(=\dfrac{1}{2}\right)$

　❸ ㉢ 수 카드의 수가 7보다 작을 가능성은 확실합니다.
　　　　　　　　　　　　　　　　　　　　　　　　　　　($=1$)

　❹ ㉣ 4의 배수가 나올 가능성은 낮습니다. $\left(=\dfrac{1}{4}\right)$

　❺ 일이 일어날 가능성이 높은 순서대로 기호를 쓰면 ㉢, ㉡, ㉣, ㉠입니다.

2 ❶ 화살이 노란색에 멈출 가능성이 가장 높기 때문에 회전판에서 가장 넓은 곳에 노란색을 색칠합니다.

❷ 화살이 분홍색에 멈출 가능성이 보라색에 멈출 가능성의 3배이므로 가장 좁은 부분에 보라색을 색칠하고 보라색을 색칠한 부분의 3배인 부분에 분홍색을 색칠합니다.

3 ❶ (1회부터 5회까지 윗몸 말아 올리기 기록의 합)
$= 34 \times 5 = 170$(번)

❷ (1회부터 4회까지 윗몸 말아 올리기 기록의 합)
$= 28 + 30 + 34 + 36 = 128$(번)

❸ (5회의 윗몸 말아 올리기 기록)$= 170 - 128$
$= 42$(번)

4 ❶ (1회부터 5회까지 제자리 멀리뛰기 기록의 합)
$= 166 \times 5$
$= 830$ (cm)

❷ (2회의 제자리 멀리뛰기 기록)
$= 830 - (157 + 174 + 167 + 169)$
$= 163$ (cm)

❸ 재우의 기록이 가장 좋았을 때는 3회입니다.

5 ❶ (민주, 지현, 정호 3명이 읽은 책 수의 평균)
$= (26 + 25 + 27) \div 3 = 26$(권)

❷ (우람이가 읽은 책 수)$= 26 - 4 = 22$(권)

❸ (4명이 읽은 책 수의 평균)
$= (26 + 25 + 22 + 27) \div 4 = 25$(권)

6 ❶ (희서네 모둠의 운동 시간의 평균)
$= (45 + 66 + 48) \div 3$
$= 53$(분)

❷ (이든이네 모둠의 운동 시간의 합)$= 53 \times 4$
$= 212$(분)

❸ (하준이의 운동 시간)$= 212 - (49 + 52 + 53)$
$= 58$(분)

7 ❶ (하임이가 들어오기 전 모둠 학생의 몸무게의 평균)
$= (43 + 48 + 47 + 46) \div 4$
$= 46$ (kg)

❷ (하임이가 들어온 후 5명의 몸무게의 평균)
$= 46 + 2$
$= 48$ (kg)
(5명의 몸무게의 합)$= 48 \times 5$
$= 240$ (kg)

❸ (하임이의 몸무게)$= 240 - (43 + 48 + 47 + 46)$
$= 56$ (kg)

8 ❶ (3반을 제외한 나머지 4개 반에서 모은 헌 옷 무게의 평균)
$= (38 + 33 + 46 + 35) \div 4$
$= 38$ (kg)

❷ (3반에서 모은 헌 옷의 무게)$= 38 + 5$
$= 43$ (kg)

❸ (5개 반에서 모은 헌 옷의 무게의 평균)
$= (38 + 33 + 43 + 46 + 35) \div 5$
$= 39$ (kg)

❹ (3반에서 모은 헌 옷의 무게와 5개 반에서 모은 헌 옷의 평균 무게의 차)$= 43 - 39$
$= 4$ (kg)

9 ❶ (5단원까지 수학 시험 점수의 합)
$= 98 + 96 + 89 + 92 + 87$
$= 462$(점)

❷ 6단원까지 수학 시험 점수의 평균이 91점이 되려면 수학 시험 점수의 합이 $91 \times 6 = 546$(점)이 되어야 합니다.

❸ 따라서 은원이가 교내 수학 경시대회에 참가하려면 6단원 수학 시험에서 최소한 $546 - 462 = 84$(점)을 받아야 합니다.

기초 학습능력 강화 프로그램

매일 조금씩 **공부력** UP!

똑똑한 하루
시리즈

쉽다!

초등학생에게 꼭 필요한 지식을
학습 만화, 게임, 퍼즐 등을 통한
'비주얼 학습'으로 쉽게 공부하고 이해!

빠르다!

하루 10분, 주 5일 완성의
커리큘럼으로 빠르고 부담 없이
초등 기초 학습능력 향상!

재미있다!

교과서는 물론 생활 속에서
쉽게 접할 수 있는 다양한 소재를 활용해
스스로 재미있게 학습!

새롭게! 더 다양하게! 전과목 시리즈로 돌아온 '똑똑한 하루'

어 (예비초 ~ 초6)

예비초~초6 각 A·B
교재별 14권

예비초: 예비초 A·B
초1~초6: 1A~4C
14권

영어 (예비초 ~ 초6)

초3~초6 Level 1A~4B
8권

Starter A·B
1A~3B
8권

학 (예비초 ~ 초6)

1~초6 1·2학기
12권

예비초~초6 각 A·B
14권

예비초: 예비초 A·B
초1~초6: 학년별 1권
8권

초1~초6 각 A·B
12권

봄·여름
가을·겨울 (초1~초2)

안전 (초1~초2)

사회·과학 (초3~ 초6)

봄·여름·가을·겨울
각 2권 / 8권

초1~초2
2권

학기별 구성
사회·과학 각 8권

정답은
이안에
있어!